プロセス・オブ・UI/UX

UIデザイン編

UI

実践形式で学ぶワイヤーフレームから
ビジュアルデザイン・開発連携まで

桂信／株式会社エクストーン 著

JN073459

SE
SHOEISHA

はじめに

　私が代表を務めている株式会社エクストーンでは、さまざまなサービスのUI/UXの検討や開発・運用を行っています。扱っているプロジェクトは、ニュースやポイントサービス、マンガ、ラジオ、MaaS、IoT、ヘルスケア、CtoC、出産、育児など、その種類は多岐にわたります。

　本作では、架空のプロジェクトを立ち上げて、私たちが現場で行っている実践的なプロセスに沿って進行し、UI/UXの基礎知識はもちろん、よりUI/UXの質を高めるためのノウハウを解説していきます。本作は「UX編」と「UI編」の2分冊の構成になり、本書はその「UI編」になります。現在、UI/UXデザインの現場で悩みを抱えている方や、これからUI/UXを学ぼうとする方も、本書を通して一緒にプロジェクトを体験することによって、少しでも今後の活動のヒントになればと思っています。本作を読まれる方は、このプロジェクトにメンバーとして参加しているつもりで、読み進めていただけたらと思っています。

　「UX編」では、プロジェクトのUXのコンセプトを導き出すことと要件定義をすることをゴールとし、そのために必要なリサーチやユーザー調査、企画などを行ってきました。この「UI編」では、そのコンセプトや要件定義の内容をもとに、アプリのUIに落とし込む作業を行っていきます。はじめに、UIを考える前に必要な基礎知識と基本設計の方法を解説します。次に、各画面を設計しながら、デザインの現場では何を考えながら設計をしているのかを、UIを設計する時に役に立つTipsとともに解説をしていきます。さらに、デザインをする時の検討方法や意識すべきポイントを、実際に画面をデザインしながら解説をしていきます。
　本作が皆様のUI/UX設計のお役に立てば幸いです。

2024年4月

株式会社エクストーン　桂信

CONTENTS

CHAPTER **6** 開発とUI/UX 250

INTRODUCTION
オリエンテーション

　本作は「UX編」と「UI編」に分かれており、「新しいニュースアプリを作る」という架空のプロジェクトのプロセスを通してUI/UXデザインを学ぶことを目的としています。本書は後半の「UI編」です。前半の「UX編」では、クライアント企業からのオリエンテーションから始まり、リサーチやユーザー調査、ユーザー体験の企画などを実施し、UIを検討するために必要なコンセプトの策定や要件定義を行ってきました。まずは、「UX編」での検討結果について紹介します。

※「UX編」を読んでいただいた方は、イントロダクションはスキップしてもらってかまいません。

　はじめに、私たちはクライアントから次のようなオリエンテーションを受けました。

- 現在、My Channelというサイトを運営しており、時事ニュースはもちろんショッピングやレシピなどさまざまなコンテンツやサービスを提供しているが、認知度に課題を感じている
- ニュースは、コンテンツを持っている各媒体とすでに契約していて、そこから提供してもらっている
- My Channelというブランドの認知度を向上させ、自社のコンテンツやサービスへの来訪者を増やすために、サイトの中でも利用者が多いニュース部分を切り出してニュースアプリを提供したいと考えている
- その一方で、ニュースアプリは競合が多く、新規参入は一筋縄ではいかないと考えており、独自の機能やコンテンツが必要だと感じている
- できればアプリ内での収入も確保していきたい
- アプリの仕様策定・デザイン制作を行い、開発がスタートできるようにしてほしい
- 期間は4カ月

このオリエンテーションの内容を端的にまとめると次のようになります。

プロジェクトのゴール	優先度① My Channelの認知度の向上 優先度② My Channelの他のサービスへの送客 優先度③ アプリ内の収入確保
ゴールを達成する ための手段	ニュース部分を切り出してニュースアプリを展開する

課題	独自の機能やコンテンツが必要だと考えるがそれは何か
最終アウトプット	本アプリのユーザー体験 開発会社に提供するためのアプリの仕様とデザイン
検討に使える期間	4カ月

　次に、先ほどの3つの「プロジェクトのゴール」を達成するための、このニュースアプリをユーザーが利用する際の理想的なストーリーを検討しました。ユーザーのストーリーは4つのSTEPに分けることができ、そのSTEPごとの課題を定義しました。

UX STEPの課題

STEP1
ニュースアプリを起動する
課題❶：どうすれば、私たちのニュースアプリをインストール、起動してもらえるか？

STEP2
アプリ内を回遊してニュースを読む
　→利用者が増えることで、広告を通して収益が上がる
（ゴールの優先度③ アプリ内の収入確保）
課題❷：どうすれば、多くのニュースを見てもらえるか？

STEP3
ニュースを読んでいると、何かをきっかけに
My Channelの他のサービスへ誘導される
（ゴールの優先度② My Channelの他のサービスへの送客）
課題❸：どうやってMy Channelの他のサービスへ誘導するか？

STEP4
My Channelが提供するさまざまなサービスを
利用するようになる
（ゴールの優先度① My Channelの認知度の向上）
課題❹：どうやってMy Channelの他のサービスを利用してもらえるようにするか？

　課題❶～❹の4つの課題を解決する方法を考えることが、オリエンテーションで提示された課題である「独自の機能やコンテンツが必要だと考えるがそれは何か」を見つけることにつながりそうです。そのために、リサーチやユーザー調査を最初に実施する必要があると判断し、次のプロセスでプロジェクト計画を立てることにしました。

① プロジェクトの背景やマーケットを知る

このアプリをクライアントが作ることになった理由やビジネスモデルについて、理解を行います。また、具体的な検討の前に、マーケットの状況や競合サービスの戦略を調査して、UI/UX検討のヒントになる要素がないかを分析します。

② ユーザーを知る

アプリのターゲットがどういうユーザーか、類似アプリを現在使っているユーザーはどのように使っているのかを調査します。そして、現在のアプリの課題や潜在的なユーザーの欲求を見つけて、UI/UXの検討に活かします。

③ 企画を考える

①と②で得られた情報をもとに、本プロジェクトのゴールを達成するためのアイデアを創出して、新しいニュースアプリの企画を行っていきます。

このステップで向き合う課題は【優先度 高】
課題❶：どうすれば、私たちのニュースアプリをインストール、起動してもらえるか？
課題❸：どうやって My Channel の他のサービスへ誘導するか？

④ ユーザーから意見をもらう

③で検討した企画を、ターゲットとなりそうなユーザーに提示し、反応を見ながら企画が受け入れられそうかを検証します。そして、企画の改善のヒントを見つけてブラッシュアップします。

⑤ UI を設計する

完成した企画をもとに、ニュースアプリで必要な機能や要素を整理して、UIの設計を行っていきます。

このステップで向き合う課題は【優先度 低】
課題❷：どうすれば、多くのニュースを見てもらえるか？
課題❹：どうやって My Channel の他のサービスを利用してもらえるようにするか？

⑥ UIをデザインする

UIの最終的なビジュアルデザインを仕上げていきます。

⑦ 開発チームにデザインを受け渡し、サポートを行う

UI/UXの検討が完了したら、開発チームにデザインデータを渡します。開発中は必要なサポートを続けて、アプリの品質が上がるように努めていきます。

UI/UXの検討のプロセスとなる①〜⑥を、4カ月間のスケジュールに落とし込むと次のようになります。青色の部分が、この「UI編」で扱う内容となります。一部のプロセスは、並行して行っていきます。

INTRODUCTION
リサーチ

　最初に行ったのは、企業リサーチです。クライアント企業に関してWeb調査や担当者へのヒアリングを行い、まずはクライアントの基本的な情報を確認しました。

🔲 クライアントの情報

企業概要	●インターネット回線や電気・ガスなどを提供しているインフラ事業を主としている会社 ●そこに関連する周辺サービスには力を入れており、多くのプロダクトを開発し、自社のブランド価値と顧客満足度の向上を目指している ●その一環として、古くからポータルサイトを持っており、時事ニュースなどを提供している
企業理念	●「安心と喜びを届ける」 ●日々の生活を安心して過ごせる環境と、日々の生活をより充実できるサービスを届けることで、より多くの方の暮らしをサポートしていきたい
中期計画	●現在は、インフラ事業が大きな収益源となっているが、周辺サービスやプロダクトによる収益を増やすことで、継続した成長を目指す

　My Channelについても、これまでの経緯や現状、そして今後の課題や目標について情報を得ることができました。

🔲 My Channelの現状と今後について

●元々、My Channelは「お客様一人ひとりに、役立つサービスを」をコンセプトに立ち上げたポータルサイトであり、一人ひとりに対して適切なコンテンツを提供するパーソナライズ化のエンジンを強化したり、困った時や欲しい情報があった時にすぐに手に入るようにしていくことをミッションに、コンテンツを拡充し続けながら今も運営が続けられている

●現在、Webサイトで提供しているニュースについても、ユーザーがログインしてくれていれば、エンジンがユーザーの閲覧履歴や他のサービスの利用状況をもとに、より最適なニュースを表示できるようになっている

●ただ、古くからインフラ事業を中心としていた関係で、顧客の年齢層が上がってきており、若年層の獲得が今後の企業成長には必須と考えている

●その対策をゼロから考えると、コストも時間もかかってしまうため、まずは現在すでにWebなどで展開しているコンテンツやサービスを再開発して進めていくことが会社の方針となっている

●まずは、現在のメイン顧客である50代以上の方々にも使っていただきつつ、20代〜30代くらいの方々を獲得していくことを目標としたい

●性別は偏りなく、男性・女性の双方に使ってもらいたい

さらに、ニュースアプリを利用するユーザーにとって誘導することに価値がありそうな My Channel が提供しているサービスを確認することができました。

🔲 My Channel が提供しているサービス

コンテンツ	概要
天気	市区町村単位で見られる天気
乗り換え検索	電車などの乗り換え検索
占い	12星座占い
動画配信	独自ではないが他社と提携している動画サービス
ゲーム	スマホアプリを中心としたゲーム
ファッション ECサイト	若年層を取り込むために20代〜30代を意識して最近始めた EC サイト
日用品 ECサイト	日用雑貨を扱う EC サイト
食料品 ECサイト	生鮮食品以外の食料品や飲料物を扱うサイト
辞書	わからない単語を辞書や Wikipedia と連携して調べられるサイト
旅行予約	国内を中心とした旅行検索・予約サイト
不動産検索	賃貸・購入などの物件を紹介するサイト
レシピ	料理のレシピを検索できるサイト
クーポン	各種飲食店で利用できるクーポンの提供

ヒアリングの最後に、今回のニュースアプリのビジネスモデルについて確認を行い、「広告」と「送客」で検討を進めることになりました。

🔲 ビジネスモデル

広告	アプリは、画面上に表示する広告をユーザーがタップすることで、収入を得ることができます。 ユーザーに広告がタップされる確率を考えると、基本的には多くの画面が表示された方がユーザーにタップされる全体量が増え、より適切な位置に適切な内容が表示された方がタップされやすくなります。よって、ユーザーにアプリをうまく回遊してもらい、適切なタイミングで最適な広告が表示されることが大切になってきます。
送客	アプリ本体で収益を上げるのではなく、自社の他のサービスへユーザーを送り込み、そこでユーザーがお金を支払うようになってもらうことで会社全体の収益の増加につなげます。 たとえば、動画サービスに入会してくれる、商品を買ってくれる、などです。

企業リサーチの次に、インターネット上で公開されている過去の情報を調査し、ニュースアプリのマーケットや利用者の傾向について、次のような情

報を得ることができました。

🔲 ニュースアプリのマーケットや利用者の傾向

- ニュースアプリは現在6,000万人規模の利用者がいるが、成長率としては鈍化傾向
- よく利用されているニュースアプリは「Yahoo!ニュース」「SmartNews」が2強。続いて、「LINE NEWS」、その次に「グノシー」「Googleニュース」が続く
- 媒体数と記事数の量では、SmartNewsが圧倒的に1位
- ビジネス系のニュースアプリは、男性比率が最大7割まで増える傾向にある
- 紙の新聞は、年齢層が高くなればなるほど利用されているが、全体としては減少傾向
- ニュース系の情報を取得するメディアとしては、テレビの信頼性が最も強い
- 50代以下と比べた60代以上の特徴として、ニュース系の情報を取得するメディアとしてのインターネットの信頼性が減少し、趣味や娯楽に関する情報や仕事や調べものに役立つ情報についても、全般的にインターネットの利用割合が大きいものの60代以上から急激に利用率が落ち、その分、テレビ・新聞・書籍が増える傾向

そして、先駆者からヒント得るために競合リサーチを行い、最も利用されている「Yahoo!ニュース」アプリの設計意図を分析しました。

🔲 Yahoo!ニュースの分析結果

- ユーザーの行動に合わせた起動のきっかけを作り、アプリへの定着と信頼の獲得を狙っている
- ニュース記事を多く見てもらう仕掛けを作ることで、より自分に合ったニュースが表示されるようになり、ユーザーにとってより価値のあるアプリへと進化させている
- ニュースを集めるだけではなく、そこにユーザーのリアクションを可視化したり、編集を加えることで、記事の価値を上げている
- SNSへの拡散をすることでそこからのアクセスを増やし、利用者を増やそうとしている
- 意識しているターゲットに合った機能やコンテンツを提供することで、ユーザーの獲得を狙っている

　今回のニュースアプリの検討においては「独自の機能やコンテンツが必要だと考えるがそれは何か」がプロジェクト開始時からの大きな課題です。アプリとしては、当然、他のアプリと差別化する必要があります。

　差別化するための独自の機能やコンテンツを考えていくためには、手がかりが必要です。よって、想定のターゲット層への探索型の定性調査を行うことにしました。

　ユーザー調査は、次の内容でオンラインのインタビュー形式で実施されました。

調査目的	●ニュースを軸とした新しい機能やコンテンツの着想を得ること
調査で 明らかにしたいこと	●現在利用しているニュースアプリに不満はないか ●ニュースアプリを利用した後に起きた行動の変化はあるか ●ニュースアプリとそれ以外のニュースとの接点をどう使い分けているか
調査対象者	●20代〜30代と50代〜60代の男女 ●すでにニュースアプリを利用している人

　インタビューを行ったのは、次の6名の方々です。

イメージ	若手の 働く男性	子育て しながら 働く女性	DINKsの 男性	DINKsの 女性	主婦	定年間近の 男性
年齢／性別	25歳／男性	28歳／女性	38歳／男性	53歳／女性	56歳／女性	63歳／男性
家族	未婚	夫・子供1人	妻	夫	夫・子供2人	妻・子供2人
居住環境	賃貸	賃貸	賃貸	賃貸	戸建て	戸建て
職業 業種	通信業・ 専門職・ 技術職	金融業・ 保険業 営業事務	不動産業・ 物品賃貸業 営業	教育・ 学習支援業 企画・広報	専業主婦	電子部品・ デバイス・ 電子回路 製造業販売
住まい	東京都 練馬区	千葉県 市川市	鹿児島県 鹿児島市	東京都 江東区	福岡県 糸島市	神奈川県 小田原市
利用してい るニュース アプリ	4つ	2つ	3つ	2つ	1つ	3つ

そして、ユーザー調査の結果をもとに、次のような仮説をまとめることができました。

`UX` 現在利用しているニュースアプリに不満はないか

- 記事を読み返したい時に、その記事を見つけられない
- 50代以上の方にとっては、文字が小さいと見づらい傾向があったり、記事の共有方法(LINEやメールなど)が周知されていない、といった課題がある
- 不満ではないが、効率よく時事ニュースの確認と趣味の情報収集をしたい
- 同じく不満ではないが、ニュースのタブを自分で追加する時は、自分の趣味や身の回りのことを知るために行っている

`UX` ニュースアプリを利用した後に起きた行動の変化はあるか

- 記事によっては、その記事の情報を起点に行動を起こすが、現在のニュースアプリから離脱して行動している。そのため、そのつながりを強化することで、ユーザーにとっての利便性を高められる可能性がある
- 記事に関わる映像が見たい時は、20代〜30代はYouTube、50代〜60代はテレビを活用している

`UX` ニュースアプリとそれ以外のニュースとの接点をどう使い分けているか

全体的な意見	●他のアプリでもニュースと触れる機会が多い。50代〜60代は、スマホ以外のメディアでの接点が多い
20代〜30代限定	●X (旧Twitter) やFacebookで自分が信頼している、もしくは興味を持っている人が、シェアしている記事だと興味が湧く ●TikTokの動画は見やすく理解しやすい
50代〜60代限定	●テレビ・新聞は信頼性が高いと感じており、それぞれ習慣化されている ●オリジナルコンテンツがあるメディアは、魅力が増しやすい
両方の世代で似ている意見	●記事に関する動画は見ていて楽しく有益と感じておりニーズは高いが、ただ動画が並んでいるだけだと、見たいという気持ちにならない。両世代ともに、受動的な動画メディアの利用度は高く、20代〜30代はTikTok、50代〜60代はテレビを利用している

INTRODUCTION
企画

　リサーチやユーザー調査の結果をもとに、「独自の機能やコンテンツ」に関するユーザー体験の企画検討を行いました。

　検討を始める前に、全体の共通認識を図るために、ペルソナ（そのサービスの利用が想定されるユーザーを具体的にイメージ化した架空の人物像）を整理することにしました。定義したペルソナは2種類です。

ⓊⓍ ペルソナ

20代〜30代の 子育てしながら働く女性	50代〜60代の 定年が近くなってきた男性
●効率よく時事ニュースを把握して、さらに興味のある情報に出会いたい ●気になった情報があれば、自分で深掘りする ●SNSでたまたま流れてきたニュースの記事や動画も気になると見てしまう	●時事ニュースとスポーツニュースが好き ●気になった情報があると人に教えることや、知った情報をもとに出かけることが多い ●テレビや新聞でもニュースを習慣的によく見ている

　具体的には、次のようなイメージです。

UX 20代〜30代の子育てしながら働く女性

佐藤 葵

効率よく時事ニュースを把握して、さらに興味のある情報に出会いたい

気になった情報があれば、自分で深掘りする

SNSでたまたま流れてきたニュースの記事や動画も気になると見てしまう

年齢	28歳
性別	女性
居住地域	千葉県市川市
家族構成	夫(32歳)、女の子(2歳)の3人家族
居住環境	マンション(賃貸)
職業	金融業・保険業　営業事務
年収	個人:300万円 世帯:700万円
よく利用するアプリ	SNS、動画、ニュース、ショッピング、店舗検索・予約、教育

よく利用しているニュースアプリ

グノシー、LINE NEWS

ニュースアプリを利用するシーン

出かける前、通勤中、昼休憩中、子供の寝かしつけの後

ニュースアプリでよく見る記事

時事ニュース、ファッション、グルメ、子育て

基本的に時事ニュースを見るのは習慣になっている

趣味のファッションは、好きなのでつい見てしまう

美味しいものが好きなので、子供といけるレストランやテイクアウトできる行動範囲にあるお店の情報があるとつい見てしまう

子供が楽しめそうな場所やイベントがあると、見ることが多い

ニュースアプリでよく利用する機能

朝に天気を見るのが習慣、通知から開く、テーマ別のニュースから記事を見る

時事ニュースの把握と、趣味の情報収集のために使っている

すきま時間で効率よく見られるのがいい

現在利用しているニュースアプリへの不満

記事が見返したい時に、見つからない

興味のない広告が多い

ニュースアプリで、子供を閲覧した後に起こす行動

気になった情報があれば、ブラウザからさらに検索して訪問・購買をしている

ニュースに出てきた情報をさらに検索して調べる

気になった飲食店や店舗を検索して場所や時間を調べて行ってみる

子供とおでかけができそうなスポットを知って検索して行く

気になった商品を検索して口コミなど確認して購入する

ニュース記事を見返すことはない

ニュースアプリ以外でニュースを知るアプリやメディアとそれを利用する理由

TikTok、X、YouTube

ニュースが目的ではないが、見ていると出てくるので気になったニュースがあるとつい見てしまう。便利だなと思う

SNSで最初に知るニュースも多い

以前よりも動画でニュースを見ることが多くなった気がする

TikTokを見ていると、ニュース動画やニュース解説動画が流れてくるので興味があるものだとつい見てしまう

自分が信頼しているもしくは興味を持っている人が、シェアしている記事だと興味が湧く

特定のニュース動画を見たい時は、YouTubeで検索して見る

▣ 50代～60代の定年が近くなってきた男性

坂口 哲也

時事ニュースとスポーツニュースが好き

気になった情報があると人に教えたり、知った情報をもとに出かけることが多い

テレビや新聞でもニュースを習慣的によく見ている

年齢 63歳
性別 男性
居住地域 神奈川県小田原市
家族構成 妻（52歳）・子供（男性24歳・女性20歳）※子供たちは1人暮らし
居住形態 戸建て（持ち家）
職業 電子部品・デバイス・電子回路製造業　販売
年収 個人／世帯：700万円
よく利用するアプリ 動画、ニュース、ショッピング、店舗検索・予約

よく利用しているニュースアプリ

Yahoo!ニュース、日本経済新聞 電子版、朝日新聞デジタル

ニュースアプリを利用するシーン

通勤中、仕事の合間

ニュースアプリでよく見る記事

時事ニュース、スポーツ、ビジネス、テクノロジー

ニュースが好きなので、時事ニュースをよく見る

野球を中心にスポーツが好きなのと、プロ野球やメジャーで活躍する日本人のニュースが気になるので、スポーツのニュースはよく見る

仕事が半分・個人的な興味が半分で、テクノロジー系の記事も見ることが多い

ビジネス系は、面白そうな記事があると見る

通知から開く

テーマ別のニュースから記事を見る

現在利用しているニュースアプリへの不満

関心のない記事が表示される

文字が小さいと、目が疲れる

ニュースアプリをきっかけとした行動、おこすい行動

気になった情報があると、ネットやテレビでもっと情報を得る

さらに、知った場所へ、妻と一緒に訪問したり旅行をすることもある

海外の好きな選手が活躍すると、帰宅後にテレビでスポーツニュースを見る

仕事に関連しそうな記事があると、後でパソコンで会社の人に送る

妻が好きそうな美術館の展示があると、妻に口頭で伝えて興味を示したら、美術館の場所を調べて一緒に行く

行ってみたい観光スポットがあったら、詳しく検索して妻と旅行に行くこともある

ニュースアプリ以外でニュースを知るアプリ・メディアとそれを利用する理由

テレビや新聞は、信頼性が高いと感じているのと、ためになる特集などもあるので毎日習慣的に見ている。特にテレビは受け身で見られるのがいい

雑誌は、自分であまり買うことはないが、妻が買った雑誌が時々置いてあるので特集に興味が出て、それを見ることが時々ある

ラジオは、休みの日に運転中に流れているので、それでたまたま知ることがある

次に、プロジェクトメンバーとアイデアを検討しました。それらのアイデアを定性調査でターゲット層にヒアリングした結果、次の3つのアイデアを実施することになりました。

UX 実施が決定したアイデア

ニュースの ショート動画コーナー	今回のターゲットである20代〜30代、50代〜60代の両方の世代の共通項として受動的に映像を見る習慣があり、その習慣を活用して現在TikTokなどを中心に増えているショート動画のスタイルでニュース動画を提供していく
記事に関連する My Channelのサービスへの 導線の設置	記事に関連する情報を知りたい人のために、記事に関連するMy Channelのサービスへの導線を設置します
記事のブックマーク	既存のニュースアプリにおいて、一度見た記事を後で見返したい時や共有したい時に、その記事が見つからず困ることがあり、それを解決するために、記事をブックマークできるようにする

最後に、これまでの調査結果や議論の内容をもとに、今回のニュースアプリのコンセプトを次のように定義しました。今後のUI/UX検討は、このコンセプトを大きな判断軸として進めていくことになります。

UX コンセプト

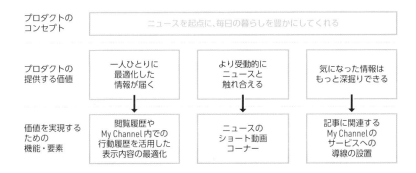

今回作るアプリは、ニュースアプリであることが軸であり、ニュースアプリだからこそ日々触れてもらえます。そういった特長を活かし、ニュースを提供するだけで満足するのではなく、そこからそのユーザーの暮らしを少しでも豊かにするための仕掛けを作っていく、そのようなニュースアプリを目指します。

また、先ほどのコンセプトと合わせて、今回のニュースアプリの「UI/UX の方針」を次のように定義しました。先ほどのコンセプトシートとともに、今後の画面構成や機能要件を考えていく時の判断軸として活用していきます。

UX UI/UXの方針

若い層もシニアの方も 見やすい・使いやすい	今回のアプリは、若年層とシニア層の両方を使ってもらうことを想定しています。 シニアの方にとって文字が小さく読みづらいとストレスを感じやすいため、UI としては、文字の大きさの調整や文字の太さ、コントラスト比などの方法でその見づらさを緩和していくことが求められます。 また、すべての機能を両方の世代が理解して使えるようにしていきます。
「気になる」が たくさんある	今回のニュースアプリでは、ビジネス的にもニュースを起点にそこから別のニュースを見てもらうことで、アプリ内の回遊を増やすか、My Channel の他のサービスへの送客を行うことが求められます。 よって、ニュースを見ている流れの中で「あ、これも気になる」「もっと気になる」という仕掛けを入れておくことが求められます。
つい立ち上げたくなる	アプリを立ち上げると「何かいい情報が手に入りそう」「何かいいことがありそう」という期待感が持てるアプリを目指します。 元々持っている記事のパーソナライズ化のエンジンの活用や My Channel の他のサービスとの連携を強化することで、ニュース＋α が手に入ることを目指した設計にします。そうすることで、このアプリの利用を習慣化してもらうことを狙いとします。

INTRODUCTION
要件定義

　「UX編」では、最後にアプリの要件定義（実装する要件の洗い出し）を行いました。「UI編」の本書では、この内容をもとに検討を進めていきます。まずは、ニュースアプリとしての基本機能を定義し、次にMy Channelが提供しているサービスとの連携について整理を行いました。

UX 基本機能

No.	大カテゴリ	主な機能・要素	構成要素	表示要素	検討事項・メモ
1	記事の一覧	主要な記事の一覧	各ニュース	写真・タイトル・日付・提供元・新着アイコン	どういうロジックで表示するか？記事の未読・既読管理を行うか？新着アイコンを表示するロジックは？
			広告	広告サービスに依存	どこの広告サービスを使うか？どこに広告を表示するのか？
		ジャンルごとの記事一覧	各ニュース	（同上）	（同上）
			広告	（同上）	（同上）
		メディアごとの記事一覧	各ニュース	（同上）	（同上）
			広告	（同上）	（同上）
		記事一覧の更新	更新ボタン		
2	注目ランキング	記事・動画のランキング10件	各ニュース	順位＋記事	どういうロジックで表示するか？
3	記事の詳細	記事本体	記事	写真・タイトル・日付・提供元・本文	
			共有	SNSやメールなどへの共有	どの共有方法を対象にするのか？
			ブックマークボタン		
		関連情報	My Channel連携	関連サービスの表示	どう連携するのか？
			関連記事・関連動画	写真・タイトル・日付・提供元	
			他の話題の記事	写真・タイトル・日付・提供元	
			広告	（同上）	

No.	大カテゴリ	主な機能・要素	構成要素	表示要素	検討事項・メモ
4	記事の検索	記事の検索	検索フォーム	インクリメンタルサーチ	
				検索履歴	履歴は削除できたほうがいい？
5	タブの編集	タブの並び替え			最初のタブは、動かせない想定でいいか？
		タブの削除			ジャンルのタブと、メディアのタブは、混ぜて表示するのか？
		ジャンルのタブの表示・非表示			
6	メディアタブの検索・追加	名前で探す	検索フォーム	インクリメンタルサーチ	
		カテゴリから探す	カテゴリ一覧		
		人気順から探す			
		検索結果	メディア一覧	ロゴ・名前・追加ボタン	
7	ニュースのショート動画	各ニュース動画	動画	スクロールで次の動画へ	どういうロジックで表示するのか？
			関連情報	タイトル・日付・提供元	
			関連記事・動画への導線		
			ブックマークボタン		
		ニュース動画一覧	動画一覧	タイトル・日付・提供元	
			広告	（同上）	
8	保存した記事	保存した記事の一覧		（同上）	
		保存した動画の一覧		（同上）	
9	お知らせ	お知らせの一覧		タイトル・お知らせ詳細へのボタン	新しいメディアの追加やキャンペーン、メンテナンスのお知らせを想定 どう表示するのか？
		お知らせ詳細		タイトル・日付・本文	
		アプリの強制アップデート		お知らせ・ストアへのボタン	トラブル用に用意するか？ ※アプリをアップデートしない限り、利用できなくする

10	アカウント認証	ログイン			
		パスワード忘れ			
		アカウント発行			
		ログアウト			
		アカウントの削除			iOSの場合は、この機能がないと、アプリが公開できない
11	文字の調整機能	フォントサイズの選択			どの画面にフォントサイズの変更を反映させるか？ システムのフォントサイズに連携するのか？ 大きさは何段階？
12	PUSH通知	設定のON/OFF			どういうPUSH通知を用意するか？ その通知の遷移先の画面は別途用意するか？
13	サポート	カテゴリ一覧			サポートは、Q&A形式でいいか？
		カテゴリ別質問一覧			
		各質問別サポート回答一覧			
14	利用規約	規約本文			事前に同意してもらってから、利用開始とするか？
15	ライセンス表記	ライセンス情報			アプリ内で利用しているライセンスの表示
16	通知許諾	PUSHの許諾	許諾への誘導画面	許諾をONにすることを誘導	
			OSのダイアログ	表示はOSに任せる	
		アプリトラッキングの許諾			許諾が必要な機能を提供することを想定
17	ストア評価誘導	ストア評価ダイアログ			どのタイミングで表示するか
18	ダークモード対応	ライトテーマ・ダークテーマの切り替え			対応するか？ 対応するのであれば、端末依存にするか、アプリ内で選択できるようにするか？
19	タブレット対応	タブレットでの利用			タブレットでも利用可能にするか？ 可能にするのであれば、レイアウトをタブレット向けに用意するか？
20	ウィジェット	端末のホーム画面のウィジェットの提供			作るか？

次に、My Channelが提供している各サービスを次のような観点で整理し、アプリとの連携の方法を検討しやすくしました。

Ⓐ ニュースと同じように毎日習慣的に見るものか
　（＝ニュースのコンテンツの1つとして見せる）
Ⓑ ニュースとは別のサービスとしてユーザーを送客することがいいか
　（＝アプリ内外は問わない）
Ⓒ 記事と紐づけできそうかどうか
　（＝ニュース記事に関連サービスとして見せる）

UX My Channelのサービスとの連携

サービス	Ⓐ ニュースと同じように毎日習慣的に見る	Ⓑ 別サービスとして送客	補足	Ⓒ 記事との紐づけ	イメージ
天気	○	×	ニュースアプリ内の1コンテンツとして見せることが良さそう	○	天気や災害の記事に関連情報として出しやすい
乗り換え検索	×	△	乗り換え検索のために、このアプリをわざわざ経由するか疑問	○	特定の場所を示す記事に、その場所までのルートをすぐに表示することで距離感をイメージしてもらいやすい
占い	○	×	ニュースアプリ内の1コンテンツとして見せることが良さそう	×	
動画配信	×	○		○	動画や映画に関連する記事であれば、連携・宣伝しやすい
ゲーム	×	○		○	ゲームに関連する記事であれば、連携・宣伝しやすい
ファッションECサイト	×	○		○	ファッションに関連する記事であれば、連携・宣伝しやすい
日用品ECサイト	×	○		○	日用品に関連する記事であれば、連携・宣伝しやすい
食料品ECサイト	×	○		○	食料品に関連する記事であれば、連携・宣伝しやすい

辞書	×	×	辞書単体だと検索エンジンで十分	○	記事内の難しい単語の解説を表示できる
旅行予約	×	○		○	旅行関連の記事であれば、連携・宣伝しやすい
不動産検索	×	○		△	引っ越しや新生活をテーマにした記事であれば連携しやすいが、記事を見ていて引っ越したいという気持ちになるか疑問
レシピ	×	○		○	料理に関する記事であれば、連携・宣伝しやすい
クーポン	×	○		○	クーポンを提供しているお店の記事であれば、連携・宣伝しやすい

以上が、「UX編」での検討結果でした。では、本編でニュースアプリのUIの設計とデザインを行っていきましょう！

UI

CHAPTER

1

UIの基礎知識

　新しいニュースアプリのUIを考えていく前に、UIの検討プロセスや基礎知識、UI設計の原則を解説します。UIのデザインに着手する前に事前に知っておくとことで、より見やすく使いやすいUIを作ることができます。

　さらに、アプリのUIを作る際に欠かせないiOSやAndroidの違いや、UI/UXデザイナーも知っておいたほうがいい技術的な知識と開発手法も紹介します。

　UIを検討する時は、「ワイヤーフレーム」と「ビジュアルデザイン」という2つのプロセスを通して、デザインを行っていきます。まずは、それぞれの役割を理解していきましょう。

ワイヤーフレーム

　ワイヤーフレームは、一言でいうと「設計図」です。家を建てる時や、賃貸の部屋を探す時に見る間取図をイメージしてください。その間取図にはまだ家具などは置かれていない状態ですが、さらにその間取図に家具や家電などの生活に必要なものを配置した状態を想像してみてください。その図面を見ると、部屋の形や部屋に置かれているものとその位置がわかります。ただ、この段階では、部屋の壁紙などの色や家具のデザインはまだわかりません。この状態の設計図を、アプリやWebサイトでは「ワイヤーフレーム」と呼びます。

ワイヤーフレームとは、アプリやWebサイトの画面ごとの構成要素とそれらの配置、ならびにその中身（テキストなど）を定めたものです。それらの具体的な色や細かい形までは含まれません。

ビジュアルデザイン

　ワイヤーフレームに色や形などの装飾を行ったものを「ビジュアルデザイン」と呼びます。

　「デザイン」という言葉は、「設計」と「意匠」という2つの意味でデザインの世界で使われることが多いですが、「設計」がワイヤーフレーム、「意匠」がビジュアルデザインです。つまり、設計したワイヤーフレームで記載された要素の形状を細かく調整し、その色やサイズ、アイコンの追加、要素同士の間隔の指定を行い、文字に対してはフォントの種類や大きさ、文章の行間などを見やすいレイアウトにするなど、視覚的な要素を施したものがビジュアルデザインです。

ワイヤーフレームの例　　　　　　ビジュアルデザインの例

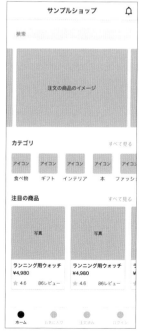 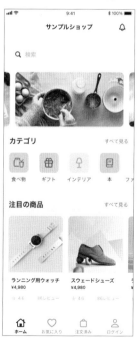

UIの検討プロセス

　UIのデザインをする時は、ワイヤーフレーム、ビジュアルデザインの順番で検討を進めることで、スムーズに進行できます。

　まず、ワイヤーフレームで全体の構造と各画面の設計を行います。アプリ内のユーザーの動きと各画面の役割を明確化してから、それぞれの画面で提供する情報・表示要素などの構成要素を整理します。そして、それらの構成要素の視覚的な優先順位や配置、表示するテキストの内容を決めていきます。ワイヤーフレームを作る時はモノクロで行うことが多いですが、設計の意図を明確化するために、必要な箇所においては色をつけたりフォントサイズや太さを変更し、最低限のビジュアル要素も加えていきます。

　ワイヤーフレームによる設計が終わったら、次にビジュアルデザインを行い、UIの視覚的な構造や最終的な見た目を決めていきます。ワイヤーフレームで行った設計をもとに、ブランドのアイデンティティやユーザーの感情を意識して視覚的なデザインをすることで、このアプリが目指しているユーザー体験を最大限引き出すことを目指していきます。

　UIデザイナーは、「迷わない」「わかりやすい」「見やすい」といったユーザビリティの要件や、売上などの目標達成といったビジネス上の要件などを満たし、全体として統一されたユーザー体験になるようにUIを最適化していきます。

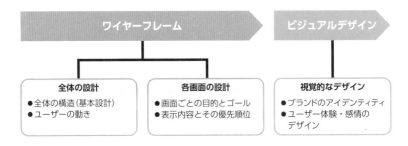

今回のニュースアプリのUIの検討プロセス

　今回のニュースアプリでは、UIデザインの検討プロセスを次の5つの
STEPに分けてUIのデザインを行っていきます。

1 基本設計
はじめに、メニュー構成（下タブ）を検討します。複数の観点からUI
のバリエーションを出して、ディスカッションしながらアプリの骨
格を決めていきます。　　　　　　　　　　　　　　▶2章

2 ワイヤーフレーム
構造設計をしてから、全画面のワイヤーフレームの定義を行ってい
きます。ユーザー体験のメインとなる主要な画面から設計を行い、そ
の後に周辺の画面や機能を設計します。　　　　　　▶3章

3 デザインの方向性
具体的にUIをビジュアル化する前に、方向性を絞り込むための検討
を行います。競合他社のポジションを把握し、自分たちが目指す表現
に対する共通認識をプロジェクトチーム内で作ります。　▶4章

4 デザイン案
複数のデザイン案を作り、プロジェクトチーム内でディスカッショ
ンをして最終的なビジュアルデザインを決定します。　▶4章

5 全画面のデザイン
全画面のビジュアルデザインをする前に、デザインの基本ルールを
定義します。定義したら、すべてのワイヤーフレームをビジュアル化
していきます。　　　　　　　　　　　　　　　　　▶4章

POINT

UI/UX検討のポイント

- アプリの設計をまずはワイヤーフレームで実施して、画面の流れや構成要
素、配置を設計していく
- ワイヤーフレームをもとに、ビジュアル的な観点でデザインを行い、ユー
ザー体験をよりよいものにしていく

1

UIの検討プロセス

1 2 プラットフォーム

iOS と Android

　スマホ向けのアプリを設計する時に最初に理解すべきは、アプリとはiOS
はApple、AndroidはGoogleという会社が作ったプラットフォーム上で動
くアプリケーションであることです。

　そのプラットフォームにはOS（Operating System）が動いており、その
OSの上で私たちが作るアプリが動きます。アプリは各プラットフォーム上
のストア（App Store、Google Play）から、ユーザーがダウンロードするこ
とで利用できるようになります。そしてアプリは、OSを介してカメラや
GPSなどのセンサーを利用してさまざまな機能をユーザーに提供します。さ
らにアプリ本体とは別に、ユーザーとの接触手段としてPUSH通知とウィ
ジェットの2つの要素を持ちます。

OSによって異なる設計思想

　一見似たようなOSですが、当然作る会社が違えばOSの設計思想が違い
ます。サードパーティとなる私たちのようなアプリ提供者が各OSの設計思
想に沿って作ることで、ユーザーはアプリごとに操作ルールや手順を学習す
る必要がなくなります。その結果、ユーザーはスマホ上のさまざまなアプリ
を同じ操作感でストレスなく利用することできます。その一方で、提供した
アプリが、他のアプリと比べて操作感に一貫性がないと、そのアプリだけ思
い通り操作できずにユーザーはストレスを感じることになります。

同じアプリでもOSによってUIが異なる

　同じアプリをiOSとAndroidでそれぞれ起動してみると、各OSでUIを調
整していることがわかります。

　いくつかアプリのUIを紹介します。よく見てみると、要素のサイズや余
白などが細かく調整されていることがわかります。わかりやすい違いに、印
をつけたので見てみましょう。

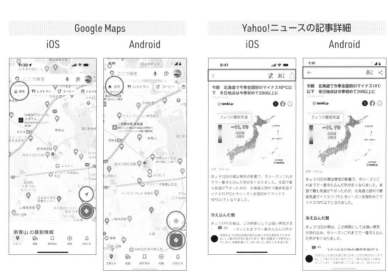

Xの設定画面 / LINE内のWebブラウザ

1 3 iOS と Android の違い

　同じアプリでも iOS 版と Android 版の UI は、かつては異なる部分が多くありましたが、最近はその差はかなり減ってきました。これまでのそれぞれの OS の変遷と現在の違いを確認していきます。

過去の変遷

ハードウェアの変遷

　これまでのスマホのハードウェアの歴史の中で、OS の違いとして大きかったことは端末の操作ボタンの設計です。端末の下部において、iPhone は「ホームボタンあり」→「ホームボタンなし」という変遷があり、Android は「戻るボタン・ホームボタンなどがハードウェアボタンとして設置」→「ボタンがソフトウェアボタンに変更」→「すべてのボタンなし」という変遷があります。

　この Android の「戻るボタン」がくせ者で、うまく処理しないと想定外のバグが起きることもありました。現在は、両 OS ともに端末の下部にはすべてのボタンがなくなったので（Android は、設定でソフトウェアボタンのある／なしを選択可能）、ハードウェアの違いはかなり統一された印象があります。

ハードウェアの変遷

iPhone　　　　　　　　　　　Android

Androidの戻るボタンの変遷

※左からハードウェア
ボタン、ソフトウェア
ボタン、ボタンなし

Androidのタブメニューの変遷

　iOSとAndroidの違いとしてもう1つ大きかったのはタブメニューの配置です。現在は当たり前のようにAndroidでもタブメニューを画面下部にありますが、以前は、そもそもAndroidではタブメニューを画面下部に実装するための技術コンポーネントが用意されていませんでした。2016年10月にそれが実現できる機能（Bottom Navigation View）が提供された頃から、徐々にUIの差分が減っていきました。

Androidのタブメニューの変遷の例
2016年以前のTwitterの上タブ　　2023年のX(旧Twitter)の下タブ

OSによるUIの差は減少傾向

それぞれのOS上でのUIの制約が減ってきていることに加えて、現在はクロスプラットフォーム開発（1-4「開発手法」で解説）が増えてきていることで、そもそもiOSとAndroidでUIを分けて実装されないため、UIの差がないアプリが以前よりも増えてきています。

OSのデザインガイドライン

アプリのUIをデザインする前に、まずはそれぞれのOSの考え方を理解する必要があります。

iOSでは「Human Interface Guidelines」、Androidでは「Material Design」というUI/UXに対する指針が、それぞれのOSのWebサイト上で公開されており、毎年アップデートされ続けています。すべてをここで紹介することはできないので、詳細は自身でご確認ください。まずは、そこからスタートしてみましょう。

※「Human Interface Guidelines」https://developer.apple.com/jp/design/human-interface-guidelines/
　「Material Design」https://m3.material.io/

iOSとAndroidの違い

それぞれのOSの思想において、特徴的な部分を次の表にまとめておきます。大まかな印象としては、iOSはAppleの厳格なルールのもとで作る、Androidはより柔軟でユーザーにカスタマイズ性を持たせる、というイメージです。

	iOS	Android
デザインガイドライン	「Human Interface Guidelines」ヒトを軸にして、Apple製品に最適化されたデザインを作るためのガイドライン。守らないとアプリが公開できないような制約もある	「Material Design」ミニマルデザインのためのガイドライン。対象はAndroidに限定されず、デザインを補助するための指針やフレームワークといった側面がある
UXにおいて重視される点	一貫性と直感性を重視	多くのカスタマイズオプションを提供し、柔軟性を重視
デザインの特徴	ヒトの行動と機能に基づいた控えめでシンプルなデザイン。コンテンツファースト。奥行きを重視	物理的な素材 (Material) を軸に紙とインクのメタファーを用いたデザイン。現実の物理法則にならい、階層と影を重視し、直感的なわかりやすさを担保

画面遷移の考え方	特定のタスクの実行や情報を知るために、ドリルダウンしていく	特定のタスクの実行や情報を知るために、画面を生成して上に重ねていく
アニメーション	滑らかで簡潔なアニメーションを重視	物理法則に基づいたアニメーションを推奨
フォント	基本的にはAppleが提供しているフォントを利用し、アプリの個性よりもApple製品としての品質を重視	Googleが提供しているフォントを利用するが、アプリがインストールされた端末に内蔵しているフォントが優先されるため、デザイン通りの表示にならない場合もある。任意のフォントをアプリに内包して利用することも可能
ストアの審査	App Storeを通じてアプリの管理を行っており、Appleの厳格な審査基準がある	Google Playを通じてアプリの管理を行っており、よりオープンで審査基準は緩め
端末	Appleが端末とOSの両方を設計しているため、統合性が高い	さまざまなメーカーが端末を開発し、OSやセンサーがそれぞれのメーカーによってカスタマイズされているため、端末によっては利用できない機能が存在することがある
画面解像度	機種数が少ないので限定的	機種数が膨大のため解像度のパターンも多様
主な開発言語	Swift	Kotlin

機種依存問題

　iPhoneの機種は、OSと同じAppleが作っているためその機種数は限られていますが、Androidの機種は、さまざまなメーカーが作っているため多くの機種が存在します。特定の機種のみで起きる問題は、各メーカーによってOSがカスタマイズされているAndroidのほうが多く発生します。また、ガイドラインや標準的な仕様から離れたものを作ろうとすると、開発時に標準的な実装よりもかなりカスタマイズが必要になります。その結果、開発コストが増えてしまう問題が起きたり、アプリが特定の機種で正しく動作されずにユーザーにストレスを与えてしまう問題が起きてしまいます。独りよがりなUIにならないように気をつけましょう。

POINT

UI/UX検討のポイント
- iOSとAndroidの違いやデザインガイドラインを理解してから設計とデザインを行う
- 自由にデザインをしすぎると、機種依存問題が起きやすくなるため注意しながら設計を進める

UIを検討する際は、本来であれば、事前にどうやって実装していくかエンジニアと相談しながら検討していくことが理想的です。具体的には、大きく3つの開発手法の中で検討していきます。

Native

両OSが提供している開発環境ごとに、それぞれ実装していく方式です。iOSの場合はSwift、Androidの場合はKotlinという開発言語を利用して開発を行います。アプリの動作速度やUXを最も高められる方法が、Native開発です。その一方で、OSごとに開発をしないといけないため、コストは大まかに2倍かかります。

WebView

アプリ内のブラウザ機能を使って、サーバー上にあるWebページを表示する方法がWebViewです。そうすることで、両方のOSのアプリから同じWebページを表示するだけになるので、OSごとに開発をする必要がなくなります。アプリとは別にWeb上でも同じサービスを展開している場合や、更新性が高い画面の場合に利用されやすいです。

アプリを更新する際は、iOS／Androidともにストアの審査が必要ですが、WebView内で表示されるWebページの更新であれば、審査を依頼する必要がないのでクイックに更新ができます。

ただし、WebViewはネットワークを介して表示することになるので、当然ネットワーク状況が悪いと何も表示できなかったり、パフォーマンス自体はNativeと比べると遅かったり、OSごとの表示の最適化はしづらくなる、というデメリットがあります。よって、WebViewを利用する際は、すべてをWebViewで作るのではなくNativeと組み合わせることで、動作パフォーマンスと開発速度、運用性を高めていくことを意識します。

クロスプラットフォーム

　1つの開発言語でまとめて両OSで動くアプリを書き出せるようにする、という方法がクロスプラットフォームによる実装です。昨今主流なプラットフォームとしては、Flutterなどが挙げられます。クロスプラットフォームとNativeの大きな違いは、アプリが動作する仕組みにあります。Nativeの場合は、アプリは「Native→OS」に直接アクセスして動作をしますが、クロスプラットフォームの場合は、アプリは「プラットフォームのフレームワーク→Native→OS」という順番でアクセスして動作します。

　Nativeに比べると、開発速度は大まかには2倍になり、コストも大きく下げられます。ただし、直接OSにアクセスをするわけではないのでNativeよりも動作パフォーマンスが遅くなり、さらにプラットフォーム自体をアプリに内包する必要があるためアプリサイズが大きくなります。また、端末に内蔵されているセンサー（カメラやGPSなど）との強い連携がしづらくなることや、トラブルが起きた時に対処がしづらくなることがあります。

UI アプリの開発手法

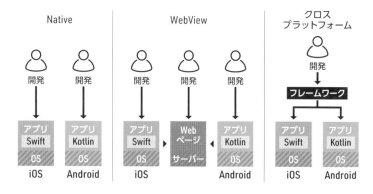

開発手法の選択

　どの開発手法を選択するかは、予算やスケジュール、求められるアプリのパフォーマンスなど、各アプリの状況を踏まえて検討していきます。判断材料をまとめてみたので、次の表を参考にしてみてください。ゼロから作るアプリと、今回のニュースアプリのようにすでにあるWebサービスをアプリにする場合で少し基準が違うので、別の表にしてあります。

[UI] ゼロからすべてを作る場合

	フルNative	Native + WebView	クロスプラットフォーム
パフォーマンス	◎	○	○
コスト	○	△	◎
保守性	○	◎	△

[UI] すでにあるWebサービスをアプリ化する場合

	フルNative	Native + WebView	クロスプラットフォーム
パフォーマンス	◎	○	○
コスト	△	◎	○
保守性	○	◎	△

　Native要素が増えるほうが、アプリとしてパフォーマンスは高くなりますが、その分、工数が大きくなり開発コスト（費用・スケジュール）が大きくなるので、予算やスケジュール重視であれば、クロスプラットフォームによる開発が有利です。

　また、アプリのリリース後に、何かトラブルがあった際はその原因を探る必要がありますが、クロスプラットフォームだと、原因を特定するのに時間がかかるケースや片方のOSの問題に引っ張られるケースがあります。

　WebView中心だと、動作パフォーマンスはNativeに比べて落ちますが、Nativeに手を加えずに改修ができるので、アプリのアップデート作業などが不要になり、改善が楽に実施できます。

ローンチ後に運用しやすい設計

　アプリなどのプロダクトやサービスは、世に出てからがスタートです。そこから、サービスの運用が始まり、コンテンツの管理や新機能の提供、A/Bテストなど、さまざまなことを実施していくので、その運用のしやすさはとても大切になってきます。

　アプリの内容を更新するには、大きく3つの方法があります。

- ●アプリをアップデートする

  更新版のアプリをアプリストアに公開し、ユーザーにアプリをアップデートしてもらうことで、ユーザーに新しいコンテンツや機能を提供します。たとえば、Native開発やクロスプラットフォーム開発で機能の改修を行う場合は、この方法でアプリの更新を行います。

- ●Web上のデータベースを更新して、アプリの画面に反映する

  Web上の管理画面などを通してデータベースの情報を更新／追加することで、Native開発やクロスプラットフォーム開発で実装したアプリの画面に情報を直接反映します。ユーザーは、アプリをアップデートすることなく常に最新の情報を表示することができます。たとえば、管理画面やデータベースでお知らせや商品情報などの定型的な内容を更新する場合は、この方法でアプリの更新を行います。

- ●更新したWebページをアプリの画面で表示する

  Webページを更新することで、アプリのWebViewの画面で表示される内容を切り替えます。ユーザーは、アプリをアップデートすることなく常に最新の情報を確認することができます。たとえば、管理画面やデータベースでキャンペーンページなどの定型的ではない内容を管理しようとすると複雑な設計になる場合は、この方法でアプリの更新を行います。

アプリがローンチした後に「誰がどうやって更新するか」を事前に考えて、運用作業が楽にできるようにすることは、ユーザーだけではなく会社にとっても良いことです。特に、運用しにくい機能やコンテンツは、どこかで作り直しが発生することが多いので、最初から運用しやすい設計にして作っておくと運用が楽になります。

POINT

UI/UX検討のポイント
- ●Native／Native＋WebView／クロスプラットフォームの3つの選択肢の中から、最適な開発手法を選択していく
- ●アプリをローンチした後のことを考慮して、会社が運用しやすい設計にしておく

1 5 UI設計の原則

UIを設計する際は、ユーザーのことを意識して作っていきますが、その中でさらに意識している原則を紹介します。

常にストーリーで考える

UIを設計する時は、ユーザーがどうアプリを利用するのかという全体的なストーリーを考えて設計をします。さらに、画面ごとにどういう前後の流れでユーザーはその画面を使うのか、何を考えているのかの細部のストーリーも常に意識をします。そして、そのストーリーの中でユーザーがどのタイミングでどう情報に触れるのかを、イメージしながら設計していきます。

商品の詳細画面を例としたストーリーとUI

UIを設計をするためのストーリーは、普段は文字には起こさずに頭の中で考えています。今回は、わかりやすく解説するために文章として掲載をします。

ショッピングアプリの商品の詳細画面を例としてストーリーをイメージしてみます。そこに到達する前の状態からストーリーを考えます。

- まずは、商品の詳細画面に訪れる前。ユーザーは、ある目的をもって商品を検索していて、画面には商品の一覧が並んでいたはず。その中で気になった商品を見つけて、画面をタップした。タップする前に、ユーザーは、商品画像・タイトル・金額はすでに目にしており、商品の詳細画面を表示した時には、その3つの情報はぼんやりとまだ記憶された状態であると推測される
- ユーザーが商品の詳細画面を開く。ユーザーは、先ほどのぼんやりとした記憶をもとにさらに詳しく知りたいと思って、この画面での行動を開始する
- まずユーザーは、前の画面で見た商品画像をさらに詳しく見たいと思っているはずなので、すぐに商品画像を確認できるようにして、他の写真も含めてその場ですぐに切り替えて見られるようにするべきである。こ

の画面は、誰かから共有されて、直接開くこともあると思うので、何の商品なのかすぐにわかるように、商品名も必ずファーストビューで見えるようにする。ただし、商品名よりも商品画像のほうが、ぱっと何の商品かをユーザーは認識しやすいので、商品画像よりは目立たなくてよさそう

● 商品画像を確認したユーザーは2種類いる。商品の検索画面から来たユーザーはさらに詳しい商品説明を知りたいと思うはずで、誰かに商品を共有されて商品の詳細画面を直接開いたユーザーは金額もしっかりと見たいと思うはずだ

● 商品説明は長そうなので、商品説明の下に金額を表示すると金額がだいぶ下に表示されてしまうため、金額は商品説明の上にあったほうが両方のケースに対応できそうである

● 商品の説明を見たら、後は買うかどうかの判断をするか、他の商品と比べたいと思うはずだ。よって、その判断の手助けとなるように、関連商品・類似商品を掲載する

● この画面のゴールは、商品をカートに入れてもらうことなので、画面のどこにいても商品をカートに入れてもらえるように、「カートに入れる」ボタンは、フローティングにして常に押せるようにしておく

以上のように、ユーザーのアプリ内での流れ、その時のユーザーの思考、画面で表示されるべきもの、その理由などを一つひとつ整理していきます。

ショッピングアプリの商品の詳細画面を、先ほどのストーリーをもとに検討して設計すると、次のようなUIになります。

全体

画面スクロール時

画面ごとの目的とゴールを、ストーリーを通して明確にする

先ほども伝えたように、ユーザーがこの画面に来た時に考えていることは、直前の画面の動作に関連しています。よって、検討の対象とする画面の前の段階から、ユーザーの立場に立ってその思考を追いかけ続けてます。そして、その画面の「目的」と「ゴール」を明らかにして、画面上の構成要素の表示順や機能などを設計していきます。

たとえば、先ほどの商品の詳細画面の場合、目的とゴールは次のようになります。

- **ユーザーはこの画面で何を求めているのか（「目的」）**
   ＝商品の詳しい情報を知りたい
- **ユーザーにとってこの画面の「ゴール」は何か**
   ＝商品をカートに入れる

1画面1目的／1画面1機能

スマホの画面は小さい

　UIを設計する時は、私たちが普段使っているスマホの画面が手のひらほどのサイズでとても小さいことを前提にします。その小さな画面に多くの情報や機能を詰め込むよりも1画面内の要素を絞り込んだほうが、ユーザーにとっては負荷がかからないため、ユーザーは目的を達成しやすくなります。

大きな目的を小さな目的に分ける

　大きな目的を1つの画面で一気に達成させるよりも、目的を細かく分解して、画面を複数に分けて最終的に大きな目的を達成させたほうが、ユーザーにとって使いやすくわかりやすい画面になります。その分割した画面ごとに、ユーザーの目的とゴールを明確化して、その画面内で提供するコンテンツや機能を決めていきます。

　Webサイト（特にPC）を中心に設計していた人は、1つの画面に多くのことを詰め込もうという傾向がありますが、アプリの場合はその逆で、1つの画面内の情報や機能を削ぎ落とす意識を強めます。

ステップ数を減らす＝目的を達成しやすいとは限らない

　Webサイトの設計に慣れすぎていると、ステップ数を減らすことを優先しすぎる傾向がありますが、アプリの場合は必ずしもそうではありません。小さい画面で迷わずに素早く目的を達成するためには、画面ごとの役割を定義することが大切です。

設定画面の例

　設定画面を例に解説します。設定できる項目は、名前・フリガナ・性別・住所・電話番号などとします。

　初めてアプリのUIを設計する人は、ユーザーが1画面ですべての項目がまとめて設定ができるように、設定画面を設計しがちです。ユーザーは特定のピンポイントの設定だけを変更したいと思っており、その項目を素早く見つけて、その項目だけを更新できれば満足です。よって、ユーザーが迷わずに素早く目的を達成するために、まずは設定項目の一覧を画面に表示して、ユーザーが変更したい項目を素早く見つけられるようにします。次に、ユーザー

が設定項目をタップしたらその項目専用の画面を表示して、ユーザーが情報をすぐに更新できるようにします。アプリのUIの設計においては、ユーザーに自分の目的に集中してもらう構成にすることが大切です。

実際の画面のBefore/Afterは次の通りです。

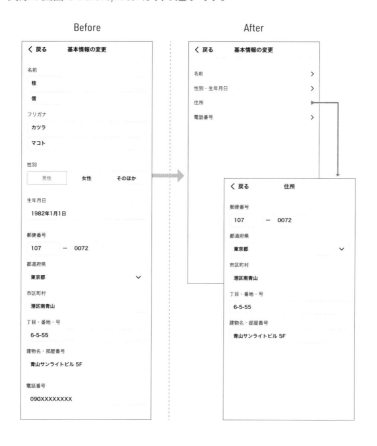

表示要素のメインとサブを決める

画面内で最も優先度が高いものを1つ決める

画面の目的とゴール、表示要素が決まったら、その画面内の情報の重要度の優先順位を決めていきます。画面上の表示順番や位置などを設計する上で、最も重要なことがこの優先順位の設計です。

はじめに、次の2つの観点で最も優先度が高いものを決めていきます。

- 表示の順番としての優先度
- 画面上の目立ち方の優先度

　場合によっては、この2つの優先度が高い情報が同一の場合がありますが、画面によってはそれが違う場合があるので、それぞれで優先順位を決めていきます。

　たとえば、先ほどの商品詳細画面では、最も優先度が高いものは次の2つの表示要素になり、これらを「メイン」の表示要素として設計します。

- 表示上の最優先の要素　　　 → 商品の写真
- 画面上で最も目立たせたい要素 →「カートに入れる」ボタン

サブの要素をストーリーに基づいて優先順位を整理する

　メインの表示要素が決まったら、次に他の要素について整理していきます。メインの表示要素以外はすべて「サブ」の表示要素になります。サブの中での優先順位を決めていくために、想定されるユーザーの思考に基づいてストーリーを繰り返し整理します。そうやって、サブの表示要素の優先順位が決まっていくと、それが表示上の順番を決めていくための大きな材料となります。

優先順位に合わせて強調する

　画面上で最も目立たせたいメインの要素は、フローティングにして常時ユーザーの目に入るようにしたり、画面内で最も色が目立つようにしたり、表示を大きくするなど、さまざまな工夫をしてユーザーを誘導していきます。

　逆にサブの要素（他のボタンやテキストなど）が目立ちすぎると、本来導きたいゴールにユーザーを導けなくなるので、気をつけます。

　ワイヤーフレームの段階では、装飾まで細かく定義する必要はありませんが、最終的にどこをどれくらい強調するかをワイヤーフレームで表現しておきます。

　商品詳細画面の例でいうと、次のワイヤーフレームのように、BeforeよりもAfterのほうが強調したい部分が明確であることがわかります。「カートに入れる」ボタンや、商品の説明文の小見出し、関連商品や類似商品のエリアの見出し、金額などが強調されています。

Before

After

UIにおいて最も大事な優先順位の整理

　UIの設計においては、画面設計や情報設計をする上で、この優先順位の整理が最も重要プロセスです。これを正しく整理するために、「常にストーリーで考える」「1画面1目的／1画面1機能」の2つの原則を常に意識します。この2つの原則を実施しながら優先順位を決めていくことで、それぞれの画面の最適なUIを導き出しやすくなります。

「最小化」と「グルーピング」を設計する

複雑化することで使いづらさや離脱を生む

　画面によっては、どうしても注意事項を表示する必要があるケースや文言が複雑化しがちなケースが出てきます。特に、クライアントからの要望や運用していてユーザーの声などが出てくると、画面上にいろいろな説明文や注釈文が増えていく傾向があります。それらをすべて受け入れて画面に追加していくと、画面が文字だらけになってしまい、逆に情報が認識しづらい画面になっていきます。

　よって、一つひとつの見出しや文章などを、理解が難しくならない範囲でより端的に表現することが大切です。

　また、手続きや購入などを行う画面で、長い注釈文などを表示する場合は、それを表示するだけでユーザーのモチベーションが下がったり情報過多で不安になってしまい、ユーザーが画面から離脱してしまうケースもあるので注意が必要です。

「ヒックの法則」を意識して情報量や操作量が増えないようにする

　1951年にイギリスの心理学者であるウィリアム・ヒックが提唱した「ヒックの法則」では、ユーザーに提供する選択肢が増えれば増えるほど、意思決定に時間がかかるとしています。

　よって、UIの設計においては、選択肢を必要最小限に減らしたり、複雑な操作の場合はステップを小分けにしたり、情報をグループ化して認識しやすくすることでユーザーの認知負荷を下げていきます。そうすることで、ユーザーはストレスなく画面を操作できるようになり、使いやすさや満足度が向上します。

例：手続き画面における操作の分割や注釈の最小化

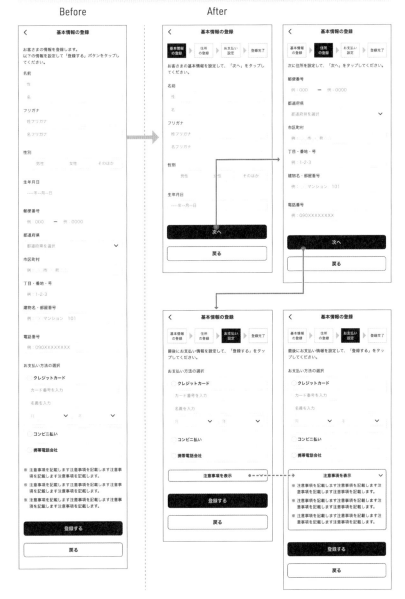

例：設定画面における情報のグループ化

Before	After
< ユーザー情報	< ユーザー情報
名前 >	アプリ設定
メールアドレス >	PUSH通知 >
パスワード >	表示設定 >
2段階認証 >	
性別・生年月日 >	アカウント
住所 >	メールアドレス >
電話番号 >	パスワード >
	2段階認証 >
PUSH通知 >	
表示設定 >	基本情報
	名前 >
ログアウト >	性別・生年月日 >
	住所 >
	電話番号 >
	ログアウト

画面と動きをパターンで考える

UIをパターンの組み合わせで考えることで
ユーザビリティも開発速度も向上

　アプリのUIを設計する時は、既存のレイアウトや動きのパターンを組み合わせて設計することが一般的です。基本的なUIのレイアウトパターンと動きのパターンをもとに組み合わせて画面を設計していくと、シンプルで使いやすい画面になりやすい傾向にあります。また、「1画面1目的／1画面1機能」の原則で画面を設計していれば、複雑なレイアウトになることも少ないです。逆に、自由な発想をもとに自由なレイアウトでUIを作ってしまうと、他のアプリと比べて使い勝手が大きく異なることになります。その結果、UIの操作方法の学習がユーザーに必要となり、ユーザーに負荷をかけることなります。

　また、開発をする際はベースとなる標準的なレイアウト（コンポーネント）をもとに実装していきます。標準で用意されていない新しいレイアウトは開

発コストが上がっていくため、その開発コストと実現したいUI/UXを天秤にかけて開発コストを増やしてでも独自のUIを作る必要があるのかを判断する必要があります。

　ここでは、基本的なレイアウトや動きのパターンを紹介します。

メニューの切り替えパターン

　まずは、Webでいうところのグローバルメニュー、つまり、アプリの基本メニューのUIです。

下タブ

　タブメニューを画面下部に設置して、基本メニューを表示します。メニューを表示するための最も標準的なUIです。タブを切り替えることで、提供する機能やコンテンツを切り替えていきます。

　メニュー構成はUIの根幹になるため、アプリを設計する際は最初に考えることが多いです。メニューの数は、最低で2つ、最大でも6つの構成が一般的です。

Apple Music

Instagram

ドロワー

　ボタン内にメニューの一覧を格納して、表示するメニューを切り替えます。下タブと同じように、メインのメニュー構成を示す場合もありますが、多くの場合は下タブで表示しきれなかったサブのメニューを格納する場合が多いです。下タブと組み合わせることで、ユーザーが目的のメニューにたどり着けるように設計していきます。

⋮ 各メニュー内の画面の切り替えパターン

　各メニュー（各下タブ）内で、情報などをさらに分けて表示したい場合に利用するUIです。

上タブ

　画面下部のタブとは別に、画面上部にタブを設置してコンテンツを切り替えます。表示しているコンテンツのカテゴリを切り替えて、情報を絞り込んで表示する場合などによく使われます。上タブを設置する場合は、画面をフリックすることでタブが切り替わるようにすることが多いです。

My Nintendo

ABEMA

各画面のレイアウトは、大きく4つの UI のパターンで考えます。

リスト

　縦方向に一覧を表示して、目的のメニューやコンテンツを見つけてもらいたい時に利用します。テキストをメインとした一覧を表示する場合に利用され、さらにアイコンや画像、補足テキストなどをサブの情報として、一緒に表示する場合があります。

LINE　　　　　　　　　Yahoo!ニュース

タイル

　2〜3列などで一覧を表示して、目的のコンテンツを見つけてもらいたい時に利用します。画像をメインとした一覧を表示する場合に利用されます。リストの時と同じように、アイコンや補足テキストなどをサブの情報として、一緒に表示する場合があります。

Instagram

ZOZOTOWN

カード

　一覧表示をする際に、1つのコンテンツを縦方向に大きく表示し、各コンテンツをしっかりとユーザーに見せたい時に利用します。縦方向にスクロールしていくことがメインのUXの場合に、利用されることが多くあります。

Facebook　　　　　　　　　　　YouTube

横方向に一覧化して、そのコンテンツエリアの縦幅を狭くしたい時に利用します。コンテンツをさまざまな切り口で見せたい場合や、バナーなどを縦方向に一覧で表示すると広告っぽくなってしまう場合に利用されます。同じ面積内で配置できるコンテンツ数を大幅に増やすことができますが、ユーザーが画面をフリックしてくれて隠れているコンテンツがユーザーの目に触れるとは限らないので工夫が必要です。

Apple Music

Netflix

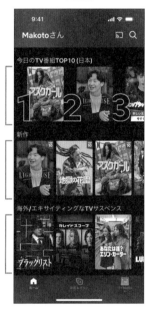

⋮ 動きのパターン

別の画面に遷移する時の画面の動きも、パターンで考えていきます。

通常の遷移

iOSはドリルダウンし、Androidは画面を生成して上に重ねていくことが基本的な考え方です。遷移する時は、iOSは横にスライドし、Androidは機種によって異なります。iOSの場合は、ユーザーは横にスライドして次の画面に遷移することに慣れているので、それ以外の動きで次の画面に進むと違和感を覚えることもあるので注意が必要です。Androidの場合は、その端末の動きに任せるか、アプリで規定していくかはアプリごとの設計思想によって異なります。

iOSの場合は、横にスライドして遷移する

iOSの設定画面

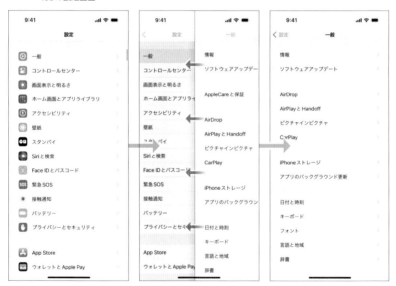

モーダル

　表示中の画面に対して、別の画面が下から上へ縦方向にスライドインし、一時的に別の機能や情報を表示する時に利用します。画面の覆いかぶさり方によって、フルモーダル、セミモーダル、ハーフモーダルといった言い方があります。使い分け方の目安を紹介します。

フルモーダル

　完全に一時的に機能を切り替えたい場合に利用します。たとえば、メールを読んでいるモードからメールを書くモードへの切替、コンテンツの一覧を見ているモードからコンテンツを検索するモードへの切替など、コンテンツへのアクションを大きく切り替えたい場合などに利用されます。

例：新しいメールを書く

セミモーダル

　一時的に関連する情報や操作を表示している、ということを伝える場合に利用します。たとえば、コンテンツの検索結果の検索条件を変更する時や、今読んでいる電子書籍の著者の情報など、関連する設定や情報を表示する場合に利用されます。

例：検索結果の絞り込みオプションを表示する

食べログ

ハーフモーダル

　元の画面との情報の関連性が高く、両方見せたい場合に利用します。たとえば、地図の特定のスポットに関する場合や、アプリ内で課金しようとした時の最終確認をする場合などにも利用されます。画面の半分よりも小さいサイズのモーダルで表示することもあります。

例：地図とスポット情報

Google Maps

これまで紹介した基本的なパターン以外で、利用しやすいパターンを紹介します。

ポップアップ

アプリの起動直後にお知らせなどを出す時や画面操作を伝える時に、画面上にオーバレイさせて情報を表示します（技術的には、これもモーダルですが、ポップアップと言い分けたほうがわかりやすいため、本書ではポップアップと呼びます）。ユーザーがUIを操作中に、操作と関係のないポップアップを表示してしまうと、ユーザーが目的をスムーズに遂行できなくなるため、ユーザーにストレスをかけることなるので注意が必要です。

dmenu スポーツ

ダイアログ

　実行するアクションに対して、「OK」「キャンセル」など2つの選択肢のボタンを提示したり、もしくは、確認メッセージを表示して「OK」を押してもらうボタンを提示します。主にはOSの標準のUIを活用することが多いです。アクションを実行することに同意してもらう場合や、ユーザーに警告をする場合に利用されます。

LINE

アクションシート

　iOS限定の機能となりますが、OSの標準のUIを活用して、実行するアクションに対して、「実行する」「キャンセル」などの複数の選択肢を提示します。ダイアログと似ていますが、3つ以上の選択肢の場合に利用します。Androidの場合は、似た表示をするボトムシートというUIを利用するか、ダイアログをそのまま使って3つ以上の選択肢を提示することもできます。

Kindle

パターンを組み合わせたUIの例

　UIの基本的なレイアウトパターンや動きのパターンを紹介してきましたが、実際にアプリのUIを設計する時は、これらを組み合わせて考えるところからスタートするとスムーズに設計できます。

　参考として、ケンタッキーのアプリのクーポンの一覧画面を見てみましょう。この画面は、店頭で利用することを前提とした画面です。この画面を見てみると、次のようなパターンを利用して画面を構成していることがわかります。

ドロワー
サブのメニューは「ドロワー」
に格納

上タブ
クーポンをカテゴリごとに
表示ができるようにするた
めに「上タブ」を設置

カード
メインのコンテンツ(クーポ
ン)は「カード」で表示して大
きく見せる

下タブ
メインのメニュー構成は
「下タブ」

ケンタッキー

9:41

ネットオーダー

全て　数量限定　スペシャル　オリジナルチキ

2列表示にする

¥290
¥190

濃厚チーズパイ
何度でも使える

2024/04/02 まで有効　　▶ 使用条件

クーポン番号を表示する

¥580
¥350

ホーム　メニュー　クーポン　お得

店頭での注文からネットで
の注文に切り替える場合は
「フルモーダル」で画面全体
を切り替える

画面をフリックすると上タ
ブが切り替わる

タップすると、「ハーフモー
ダル」でこのクーポンのクー
ポン番号が表示される

　このケンタッキーのアプリの例のように、ほとんどのアプリはパターンを
組み合わせてUIが設計されています。自分でUIを設計する際は、扱おうと
しているコンテンツや作ろうとしている機能をすでに搭載しているアプリの
UIを研究すると、自分のアプリにとっての最適解のUIの構成を見つけやす
いのでぜひ試してみてください。

POINT

UI/UX検討のポイント
● 常に全体をストーリーで考えて、その画面のユーザーにとっての目的やゴー
　ルを整理して、画面内の構成要素を表示させる優先順位や目立たせる優先
　順位を整理していく
● 画面や動きのパターンを把握して、それらを組み合わせることで画面を構
　成していく

UI

CHAPTER

2

基本設計

SCHEDULE

1カ月目 　　 **2**カ月目 　　 **3**カ月目 　　 **4**カ月目

リサーチ

企業リサーチ
マーケットリサーチ
競合リサーチ

ユーザー調査　　　　企画

準備 実施と分析　　受容性検証 ─ コンセプト
　　　ペルソナ カスタマージャーニー

アイデア検討

要件定義 **基本設計** ワイヤーフレーム

基本機能 **メニュー** 全画面の設計
連携機能 **構成**

ビジュアルデザイン

方向性　　　全画面の
　　デザイン案 デザイン

どういうアプリかを示す「メニュー構成」

　アプリにおいて、下タブに表示されるメニューは、そのアプリがどういうアプリなのかを示す大きな指標になっています。よって、一般的なアプリの基本設計をする際は、最初にメニュー構成（下タブの構成）を検討し、アプリの骨格を決めた後に、全体のUIの設計を行うとスムーズに進めることができます。

　実際に、いろいろなニュースアプリのメニュー構成を見みましょう。調査[*]で利用者が多かったYahoo!ニュース、SmartNews、NewsDigest、Googleニュース、NewsPicks、グノシーのメニューを比較してみたいと思います。比較してみると、ニュースを速報・動画・ランキング・特集・天気・災害などの切り口で見せているメニューや、路線・クーポンなど普段利用しそうなメニュー、フォローなどユーザーが読みたいニュースをカスタマイズできそうなメニューもあります。同じニュースアプリでもコンセプトや提供したい

価値がアプリによって異なり、それがメニュー構成に表現されてアプリの特徴になっています。

※「令和4年度 情報通信メディアの利用時間と情報行動に関する調査」（総務省）

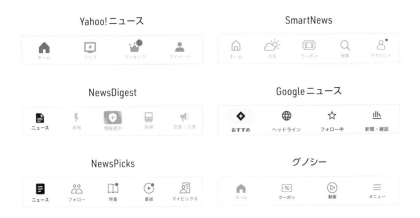

ディスカッションを行うために
UIのバリエーションを素早く用意する

　感覚に頼ったメニューの構成案は、決め手がなくて判断に迷います。よって今回紹介するのは、大きく4つの観点（情報整理軸・行動軸・機能軸・ビジネス軸）でメニュー構成を検討していく方法です。このプロセスでは、それぞれの観点で出されたメニュー構成の候補と併せてそのUIを作ることで、プロジェクトメンバー内で共通認識を作り、ディスカッションをしやすくしていきます。

　このプロセスで大事なことは、ディスカッションの土台を作ることです。想定しうるバリエーションをすべて出し、各案の良い部分や悪い部分などを明らかにしながら、自分たちが目指すUI/UXのあるべき姿を納得するまでディスカッションをすることが大切です。

メニューの候補となる要件の抽出

　UIを4つの観点で検討する前に、その準備としてメニューの候補となる要件をピックアップするところからスタートします。メニューは、イントロダクションの「要件定義」の内容を、「コンセプト」と「UI/UXの方針」をもとに、どう表現していくかによって候補が変わります。よって、まずは「要

件定義」の内容をカテゴライズしておくことで、メニューの候補をピックアップしやすくします。

　今回は、次のようにカテゴライズしました。

- ジャンル別ニュース
- メディア別ニュース
- 注目ニュースランキング
- ニュース検索
- ニュースのショート動画
- 保存済みニュース
- My Channelのコンテンツ
  動画・ゲーム・EC・旅行・不動産・レシピ・クーポン
- 設定

　メニューの候補となる要件が出揃ったところで、いよいよニュースアプリのUIの基本設計を検討していきます。

POINT
UI/UX検討のポイント
- 最初は、UIの基本設計としてどういうメニュー構成（下タブの構成）にするかの検討を行う
- 「要件定義」の内容を「コンセプト」と「UI/UXの方針」をもとに、どう表現していくかを検討していく
- 最初から1案に絞らずに、UIのバリエーションを出し、ディスカッションの土台を作る
- 情報整理軸・行動軸・機能軸・ビジネス軸の4つの観点でUIを検討する
- 基本設計を検討する前に、メニューの候補となる要件をピックアップする

最も素直な設計になりやすい情報整理軸

　まずは、情報整理軸で考えてみることが最もスタンダードで簡単です。現在の想定されている要件から情報や機能をグルーピングしていき、それをそのままメニュー構成にする、というものです。

　UIを検討する前の要件定義の段階（イントロダクションに記載）で、要件をわかりやすくグルーピングすることで、それがそのままメニューや画面の構成の土台になります。よって、あらかじめきれいに情報整理することを意識して要件定義を行っておくと、UIの検討のプロセスがスムーズに進められます。この観点で検討したメニュー構成が、最も素直でわかりやすい設計になることが多いです。また、何度もやっていると、情報設計の力が身についていきます。

　今回は、次のようにグルーピングしてメニューと画面を設計しました。

ホーム （ニュース記事）	時事ニュースの記事や自分で追加したメディアの記事を、上のタブを切り替えることでカテゴリ別に一覧で見られる画面です。
ニュース動画 （ショート動画）	ニュース動画を見ることに特化した画面です。ショート動画のスタイルで見せていきます。 記事と動画を混ぜるのではなく、明確に分けることで動画の価値を上げていきます。
ランキング	ニュース記事とニュース動画の一定期間内のランキングです。今、みんなが注目しているニュースが一目でわかるようにします。
ブックマーク	自分がブックマークした記事や動画を確認できます。後から閲覧したい時に利用します。
My Channel （My Channelのコンテンツ）	My Channelで人気のコンテンツを紹介する画面です。プロジェクトのゴールでもありビジネスモデルの1つでもあるMy Channelへの送客を意識して、独立したメニューとして設置します。日々更新されるコンテンツを多角的に紹介して、My Channelへの誘導を行います。ユーザーにエンタメ情報やおトク情報を提供するためのコーナーです。

各画面の設計の解説は、3章「ワイヤーフレーム」で行います。

情報整理軸案のディスカッション結果

案ごとにディスカッションして、それぞれの良いところや悪いところなど
を整理して、改善のヒントを得ていきます。

情報整理軸の案についてはディスカッションの結果、次のような意見とな
りました。

ディスカッションの結果	ヒント
全体としてわかりやすい My Channelのタブは、一度見てみて楽しそうに思えるが、なかなか2回目、3回目を開くイメージが湧かない。タブの名前の問題かもしれないが、どういう時に開くかがイメージできない	タブを見ただけで、利用シーンが思い浮かぶことが大事そう

　一番右のMy Channelタブは、スクロールすると次のようなイメージで、各サービスのオススメのコンテンツを紹介し誘導していくイメージでした。

🆄🅸 My ChannelタブのUIイメージの全体像

利用ストーリーを意識して作る行動軸

　次の観点は、ユーザーの行動を軸にUIを考える方法です。どういう時に立ち上げるのか、立ち上げた時にどうユーザーが利用するのか、そのストーリーをイメージしながらUIを設計していきます。その時のユーザーの大きな行動の単位ごとにメニュー構成となる下タブを整理していきます。

　この行動軸による検討結果は、サービスによっては情報整理軸と同じになるケースがあります。その場合は、あえて少し角度を変えて視野を広げたストーリーを構築することで、情報整理軸案とは違ったメニュー構成になります。

　今回は、次のようなストーリーで、メニューを構成しました。

ホーム （ジャンル別ニュース）	時事ニュースに特化したタブで、情報整理軸案とは違いメディアを自分で追加することはできません。上のタブで切り替えて、ジャンルごとに閲覧できます。 ニュースアプリを立ち上げた人は、まずは時事ニュースが気になると考え、そこに特化させていきます。
メディア （メディア別ニュース）	イントロダクションの「ユーザー調査」でも声があった趣味や身の回りの情報を収集することに特化した画面です。読みたい記事を配信しているメディアを自分で追加します。 また、自分の趣味や興味はライフステージによって変化していくことが想定されます。よって、このメディアを設定してその記事を見るという行為は、「ニュースを見る」のではなく、「自分の趣味や関心を見る」と捉えて、時事ニュースとは分離することにしました。 時事ニュースの記事を見終わった後に、次に見るコンテンツの1つとして、趣味のコーナーを設置してユーザーを回遊させていくことを狙いとします。
ニュース動画 （ショート動画）	時事ニュースの記事を見た後に、見てもらいたいもう1つのコンテンツとして、ニュース動画を設置します。内容は情報整理軸案と同じです。 動画の内容が時事ニュースに関することなので、ジャンル別ニュースの隣に置くかどうか迷いましたが、Wi-Fi環境の有無などの動画を見ることのハードルがあるかもしれないと考え、メディア別ニュースよりもニュース動画の優先度を下げました。
ランキング	内容は、情報整理軸案と同じです。 現在、話題になっていることを俯瞰的に知るために設置します。
ブックマーク	内容は、情報整理軸案と同じです。 自分でブックマークした記事や動画が、後からすぐに探せるように、右端に設置します。

情報整理軸との違い

　情報整理軸と違って、なくなったものが My Channel への誘導です。検討のために比較軸として、あえて My Channel への誘導を弱くしています。アプリとしては、ニュースを見るために起動されることを前提に、全体的にニュースを見るための機能に特化したような印象となる UI にしています。

　その代わりに、ドロワー（メニュー）内で My Channel の各サービスへの誘導コーナーを設置することにしました。

UI 行動軸の基本設計案

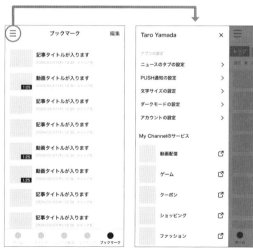

行動軸案のディスカッション結果

　行動軸の案についてはディスカッションの結果、次のような意見となりました。

ディスカッションの結果	ヒント
時事ニュースとメディアニュースを分けてみることは、他社アプリではやっていないので不安はあるが、思い切ってやってみてもいいかもしれない。実際の使われ方としても、独立させたほうが、その役割（自分の趣味や関心のある情報を見る）が明確になるのでいいのではないか。ただ、「メディア」というタブ名がわかりづらいかも	時事とメディアを分けるのはあり。ただし、メディアという言葉が一般用語ではない気がして気になる
下タブが、時事ニュースの記事（ホーム）→メディアの記事（メディア）→ニュース動画の順番になっているが、ニュース動画は時事ニュースの動画であることを想定すると、時事ニュース（記事と動画）を見終わってから、自分の興味や趣味の情報の閲覧に移行するほうがやはり自然ではないか？　現在は、記事・記事・動画と、コンテンツのフォーマット順に並んでいるが、時事コーナー・時事コーナー・興味コーナーと、コンテンツの種類順に並べたほうが、利用ステップとしては自然な気がする	コンテンツのフォーマット順ではなく、種類順に並べたほうが自然なUIになりそう
ホームの最初に表示するニュースは、今話題になっているニュースであることを想定すると、ランキングで表示されるニュースにそこまで差異が出ない可能性があり、その場合、ホームを見てからランキングに行っても、あまりユーザーが得られる新しい情報がないのではないか	思い切って下タブにランキングを置くのはやめてもいいかも。ランキングは、下タブ内にあると落ち着くが、その一方で「ホーム」の上タブの「トップ」のすぐ右隣にあったほうが、すぐに人気の記事がわかって、ユーザーの興味が引ける可能性があるのではないか
ブックマークはたしかに大事なのだが、利用頻度を考えると、毎日ブックマークするものでもない。たしかに、いざという時に見つけられるという観点で言うとタブの1つに入っていることは大事だが、利用頻度を想定すると5つのタブのうち1つをブックマークで使ってしまうのはもったいない気がする	ブックマークしたユーザーに正しく保存した場所を伝えられるのであれば、ドロワーの中に入れるという案もありなのではないか？
My Channelへの誘導がドロワーの中にしかないのは、弱い気がする プロジェクトのゴールでもあり、ビジネスモデルでもある「My Channelの他のサービスへの送客」に寄与できるイメージが湧かない	何かしらの形で、My Channelの誘導をもう少し強く入れていく方法を考える

機能を際立たせる機能軸

3つ目に紹介するのは、機能軸で考えてみるというパターンです。より技術寄りの目線に立ってみて、「実装する機能の単位」という視点で整理していくと、新しい構成が見えてくる場合があります。

「機能を切り替える」＝「モードを切り替える」と似ている部分があり、「モードを切り替える」＝「メニューを切り替える」という発想でいくと、下タブのメニューに新しい発想が得られる場合があります。

今回は、新しく「ニュースを探す」という機能に特化させて、そこを切り分けてみることにしました。

ホーム （ニュース記事）	情報整理軸案と同じです。記事全般を見るための機能です。ただ、今まで画面の右上には検索ボタンを置いていたので、そこには、更新ボタンを代わりに設置します。
ニュース動画 （ショート動画）	今までと同じです。動画を見るための機能です。
ブックマーク	今までと同じです。保存した記事や動画を見返すための機能です。
検索	特定の記事を探すための機能です。何かのキーワードを入れて検索をすることを考えると、おそらく入力されるキーワードは、その時々で注目されているニュースに関わるキーワードが多いのではないかという仮説を考えました。よって、キーワードを入力する前の状態では、画面にランキングを表示することが、親和性が高いのではないかと想定しました。
My Channel （My Channelのコンテンツ）	情報整理軸案と同じです。My Channelのサービスやコンテンツを見るための機能です。

UI 機能軸の基本設計案

機能軸案のディスカッション結果

　機能軸の案についてはディスカッションの結果、次のような意見となりました。

ディスカッションの結果	ヒント
検索とランキングを合体させたのは、面白いし理解できるが、検索の頻度を考えると、タブの1つを占有するのはもったいないのではないか。ふとした時に、ニュースを検索するのであれば、直接ブラウザを起動する人のほうが多そうなので、そこまで目立たせなくていいのではないか	検索は1つのタブにするほどの機能ではなさそう

売上や利益を優先させる機能を強く打ち出すビジネス軸

　最後は、ビジネス上の目的を達成させるための機能やコンテンツを優先させるという軸で設計してみる方法です。このビジネス軸での検討は、最終的に達成しなければいけないビジネスとしてのゴールのための手段を、より目立たせることで新しい視点を得ることが目的です。

　UX視点で考える時にユーザー視点に寄りすぎてしまい、プロジェクトの売上や利益を意識しないで進めることが多くありますが、やはり売上や利益がついてこないと、そのプロダクトはなくなってしまいます。よって、ビジネス視点はあえて強めに取り入れて、ビジネスとしてのゴールを達成するにはどうすればいいかを考えていきます。

　ここで、イントロダクションの「オリエンテーション」で整理されたユーザーの行動と本サービスにおける目指したいユーザーのゴールを見返します。

	ユーザーの行動	ゴール
STEP 1	ニュースアプリを起動する	
STEP 2	アプリ内を回遊して ニュースを読むための行動をする	アプリ内の収入確保
STEP 3	何かをきっかけに、 My Channelの他のサービスへ誘導される	My Channelの他のサービスへの送客
STEP 4	ニュースアプリのみならず、My Channelの他のサービスを利用することで、My Channelが提供するサービスを利用するようになる	My Channelの認知度の向上

My Channelへの送客がビジネスとしてのゴール

　上記の通り最終的にはMy Channelのサービスへ送客されて、My Channelのサービスを利用してもらうことがゴールに設定されています。また、イントロダクションでも記載しましたが、このニュースアプリのビジネスモデルの1つは「送客」です。よって、ビジネス軸による検討においては、今までよりも強めにMy Channelへ誘導することを優先して考えます。その際に、

ユーザーのメリットも意識しながら検討します。

　ここでは My Channel が持っているサービスやコンテンツを活用して、次のようなメニュー構成にしてみました。

　ブックマークについては、下タブからなくなったため、代わりにドロワーの中に入れることにしました。

ホーム （ニュース記事）	情報整理軸と同じで、記事系をまとめます。
ニュース動画 （ショート動画）	今までと同じです。
クーポン	他のニュースアプリでも、提供がされていることが多いコンテンツがクーポンです。本アプリでも積極的に提供することで、日々の生活を少しだけおトクにするお手伝いができるかもしれません。
エンタメ	My Channel の提供しているコンテンツのうち、エンタメ色が強い動画とゲームを紹介するコーナーです。 現在、世の中にはさまざまな動画ニーズがあるので、人気の動画などを紹介することや提供しているゲームアプリを紹介することは、ユーザーにとって嬉しいのではないかと考えました。
ショッピング	My Channel で展開されている EC は、日用品・食料品・ファッションです。 日々のちょっとした移動中にニュースアプリを見た際に、ついでに日用品や食料品の購入なども同じアプリ内で一緒にできると便利ではないかと考えました。

UI ビジネス軸の基本設計案

ビジネス軸案のディスカッション結果

　ビジネス軸の案についてはディスカッションの結果、次のような意見となりました。

ディスカッションの結果	ヒント
想像していたよりも、便利そうな印象があった ただ、エンタメについては、動画は契約していないと実際の動画は再生できない、ゲームは趣味によって意見が分かれそう、ということを考えると、ひょっとすると多くの人にはあまり不要なタブになってしまいそう クーポンやショッピングは、どうやって誘導するかは課題だが、きちんと誘導できれば、ユーザーにとってもメリットもある。また、My Channelの持っているサービスのうち最初に触れてもらうサービスとしては、この2つがハードルが低く適切に感じる	クーポン・ショッピングは、意外とあり。どうやって誘導するかが課題
ブックマークの場所に少し不安を感じる。ブックマークした後に、見つけられるのか	ブックマークした記事や動画がどこにあるかをどうやってユーザーに学習してもらうかが課題

4つの案から得られた気づき

　大きく4つの案で、検討を進めてきましたが、そのディスカッションを通して得られた気づきをまとめます。

- 下タブを見ただけで、利用シーンが思い浮かぶようにしたい
- 時事とメディアをタブで分けたほうが、下タブのユーザーにとっての役割が明確になってよい。ただし、下タブの並び順は、コンテンツのフォーマット順ではなく種類順がいいので、時事の記事・ニュース動画・メディア（興味・趣味の記事）の順番がよい。また、「メディア」の名称は変えたほうがよさそう
- ランキングタブはやめて、「ホーム」の上タブの「トップ」の右隣に置くことを検討
- ブックマークは、頻繁に使うわけではないので下タブには置かず、ドロワーに入れることを考える。ただし、保存したブックマークが、ドロワーの中からアクセスできることをユーザーに学習してもらう必要がある（課題❶）
- 検索は、下タブとしては不要
- クーポン・ショッピングは、下タブに配置してMy Channelへの誘導を図りたい。ただし、タブを開いてもらう工夫が必要そうである（課題❷）

　これを見てみると、今回のコンセプトである「ニュースを起点に、毎日の暮らしを豊かにしてくれる」や、UI/UXの方針である、①若い層もシニアの方も見やすい・使いやすい、②「気になる」がたくさんある、③つい立ち上げたくなる、からもずれておらず、それらを実現できそうであることも確認できました。ただし、ディスカッションの中で出た課題❶❷は検討を行います。

最終案を作る

　これらの気づきをもとに、最終案としてまとめ上げたメニュー構成（下タブ）がこちらの案となります。

ホーム （時事ニュース）	時事ニュースを中心としたニュース記事をジャンル別に見られるコーナーです。 ランキングは、上タブの「トップ」のすぐ隣に設置して、今話題のニュースがすぐにわかるようにします。ただし、「ランキング」だと文字数が長くなり、他のタブがファーストビューで見えなくなるので「注目」に変更します。
ニュース動画 （ショート動画）	時事ニュースのショート動画が見られるコーナーです。アプリ独自の機能として他のアプリとの差別化ポイントとして提供します。そして、ユーザーにアプリ内で回遊してもらうことを狙いとします。
興味 （メディア別ニュース）	自分の趣味や関心のある情報を配信しているメディアをユーザーに選んでもらうことで、そのメディアの記事が配信されます。 時事ニュースを見終わった後に、次に見るものの1つとして趣味のコーナーを設置し、ユーザーを回遊させていくことを狙いとします。
クーポン	毎日立ち上げるニュースアプリだからこそ、日々の生活を少しだけおトクにするお手伝いをするコーナーです。
ショッピング	日々のちょっとした移動中にニュースアプリを見るついでに、日用品や食料品の購入なども一緒にできるようすることで、ユーザーの生活を便利にしていくことを目指すコーナーです。

下タブごとの個性を意識する

　各タブのUIを考える時に、意識するといいのはタブごとにUIのレイアウトを変えることです。下タブを切り替えた時に、同じレイアウトのUIばかりだと、使っていてもわくわくしないですし、自分が今どこのタブにいるのかわからなくなります。そのため、全体のバランスをとりながら、各タブのレイアウトの個性を考えて設計していきます。

　そうやって、このメニュー構成をもとに形にしたのがこちらのUIです。

UI 最終的なUIの基本設計

課題に対する対応策を検討する

次に、気づきの中で出てきた2つの課題に対する検討を行います。

課題❶ ブックマークの保存場所の周知

まず、ブックマークの保存場所をユーザーに伝えるためには、いくつかの案が考えられそうです。

案1:ブックマーク時にお知らせ

1つ目の案は、ブックマークをした時に、ポップアップを表示してユーザーにブックマークの保存場所をお知らせする方法です。毎回出るのは邪魔なので、「この画面を次回以降表示しない」という選択ができるようにします。

案2：ドロワーにバッジをつけてお知らせ

　2つ目の案は、ユーザーがブックマークをすると、ドロワーにバッジ（赤い丸）を表示して、ドロワーを開くとブックマークのメニューにもバッジがついている状態にする方法です。そうすることで、ユーザーの目を引きブックマークした場所に誘導を試みます。

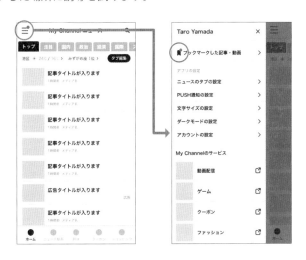

結論

　ディスカッションの結果、これら2つの案は、片方だけの対応でも両方だけの対応でもいいかもしれませんが、ブックマークしたユーザーにより効果的に伝えるために、両方対応することになりました。

課題❷「クーポン」や「ショッピング」への誘導

　次に、「クーポン」タブや「ショッピング」タブへの誘導ですが、新着やセールなどのイベントがある場合は、タブにバッジや吹き出しなどのお知らせを表示して誘導することにしました。

　常に出るのは少し邪魔に感じる人もいるので、適切なタイミングのみ表示されるように設計していきます。

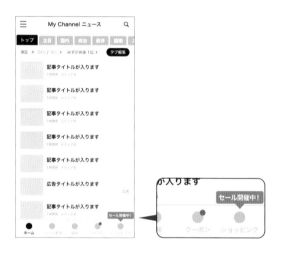

基本構成案の検証

　今回は4案をベースに作り、ディスカッションをしながら最終案を作りましたが、検証が可能な場合は定性調査を行い、最終案のUIをユーザーに見せてその反応をもとに改善を行うケースもあります。今回は、最終案を仮説として位置づけて、それをローンチしてから改善をしていく方法で進めます。

　さて、これで今回作るニュースアプリの具体的な骨格が見えてきました。次のプロセスは、全体の画面の流れを設計し、各画面のワイヤーフレームの定義を行っていくプロセスとなります。

プロジェクトのポイント

- ●ホーム・ニュース動画・興味・クーポン・ショッピングの5つのメニュー構成でスタートすることになりました
- ●ブックマークの保存場所やクーポン・ショッピングへの誘導は、ポップアップやバッジを利用して、効果的に誘導することを狙っていきます

UI/UX検討のポイント

- ●1つの視点に偏りすぎないように、いくつかの観点でUIを検討することで、新しい発想をして可能性を広げる
- ●案ごとにディスカッションを行い、課題や気づきを整理して、最終的に1つの案にまとめる
- ●下タブがある場合は、タブごとにレイアウトの個性を考えて設計を行い、タブを切り替えた時のわくわく感を演出しつつ、今自分がアプリのどこにいるのかをわかりやすくする

2

6

基本設計の決定

UI

CHAPTER

3

ワイヤーフレーム

SCHEDULE

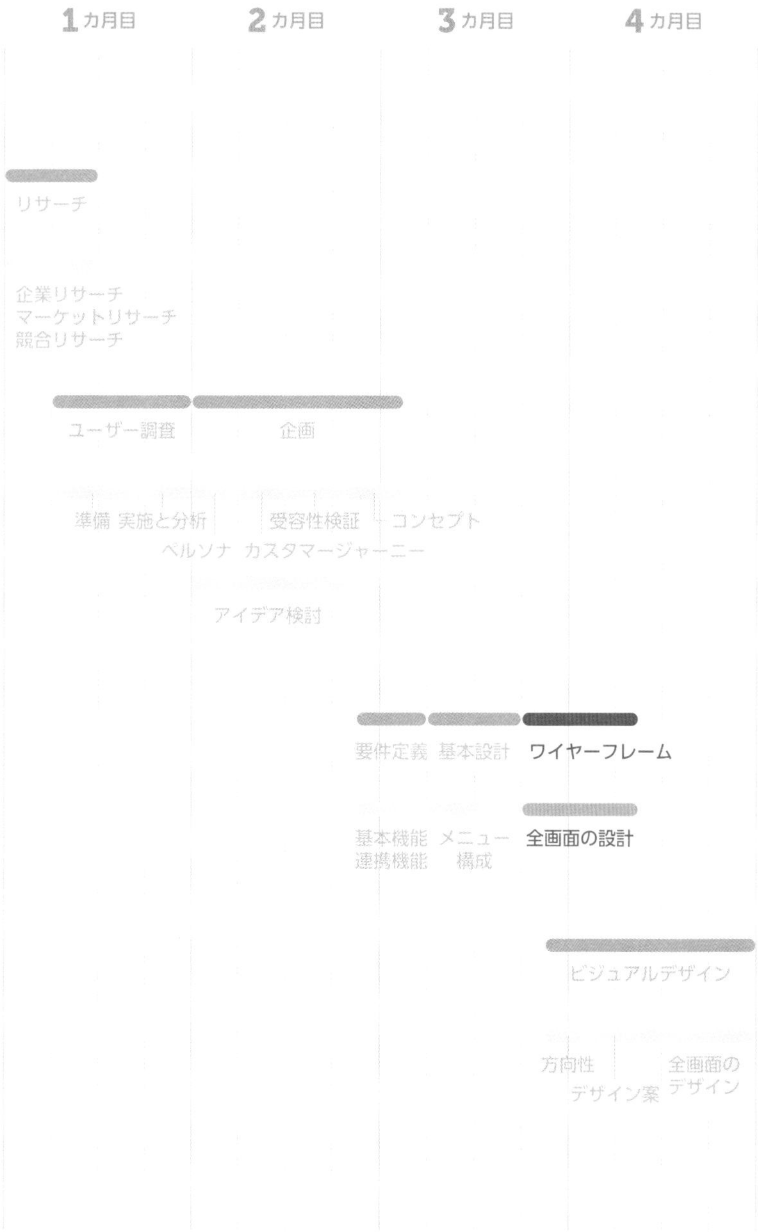

1 カ月目	**2** カ月目	**3** カ月目	**4** カ月目

リサーチ

企業リサーチ
マーケットリサーチ
競合リサーチ

ユーザー調査　　　　企画

準備 実施と分析　　受容性検証　コンセプト
　　ペルソナ　カスタマージャーニー

アイデア検討

要件定義 基本設計　**ワイヤーフレーム**

基本機能 メニュー　**全画面の設計**
連携機能　構成

ビジュアルデザイン

方向性　　　全画面の
　　デザイン案　デザイン

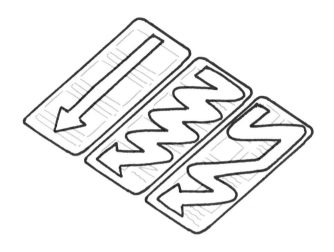

要件の分類から始める

　まず、画面を具体的に定義していく前に、事前準備を行います。

　2章で決めた基本設計を前提として、イントロダクションの「要件定義」の内容から機能や情報を分類して、アプリの構造を設計していきます。企画や仕様の検討が必要な箇所が出てきたら、その都度、調査や議論を行いながら作る機能を明確にしていきます。分類する際は、特定のコンテンツに対する機能（例：記事をブックマークする）ではなく、「記事／クーポンの一覧を表示する」「記事を検索する」といった大きめな機能を中心に分類していくとスムーズに進みます。まずは、大雑把に整理を行いながら、もし、それに関連するユーザーによる「設定」が必要なものがあれば、その「設定のための機能」も洗い出していきます。

　「要件定義」の内容を基本設計の方針をもとに、次の図のようにグルーピングしながらまとめていきます。

　関連する設定機能（青色）があれば記載をしますが、このタイミングではその設定機能は細かく整理しません。

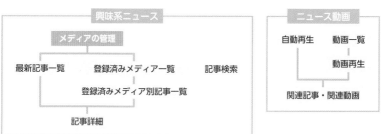

3

1

構造設計

設定機能の構造

次に、先ほどの青色の設定機能を詳細化してグルーピングしていきます。

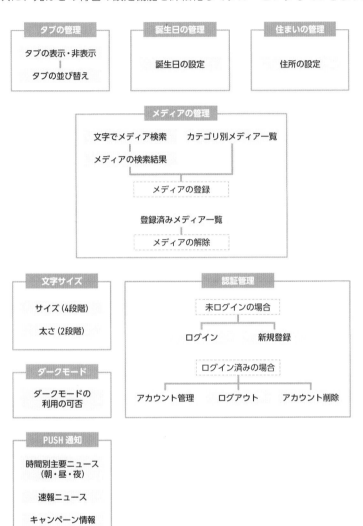

タブの管理

タブの表示・非表示
|
タブの並び替え

誕生日の管理

誕生日の設定

住まいの管理

住所の設定

メディアの管理

文字でメディア検索　　カテゴリ別メディア一覧

メディアの検索結果

メディアの登録

登録済みメディア一覧

メディアの解除

文字サイズ

サイズ（4段階）

太さ（2段階）

ダークモード

ダークモードの
利用の可否

PUSH 通知

時間別主要ニュース
（朝・昼・夜）

速報ニュース

キャンペーン情報

認証管理

未ログインの場合

ログイン　　　新規登録

ログイン済みの場合

アカウント管理　　ログアウト　　アカウント削除

　画面を作る前に、要件定義の内容をこのように分類しておくと、画面の流れや画面内の構成要素を検討しやすくなります。このプロセスがきれいに整理できるようになると、画面の検討スピードや設計のクオリティがどんどん上がっていきます。

ワイヤーフレームを設計していこう

　このように、画面の骨格ができたら、本格的にワイヤーフレームを設計していきます。

　ワイヤーフレームを設計する時は、設計者の好みやそのアプリの特性によりますが、制限事項が多かったiOSを意識して定義することが多いです。次節から始めるワイヤーフレームの設計は、iOSを前提とし各画面を定義していきますが、その時に、どういうことを考えながら設計しているか、設計者の頭の中を公開していきます。また、一般論やテクニック、過去の数値的な実績も合わせて紹介していきます。

　まずは、このアプリのユーザー体験のメインとなる画面から設計を行っていきます。その後に、周辺の画面や機能を設計していきます。

3

1

構造設計

POINT

UI/UX検討のポイント
- 全体を設計する際は、まずはその準備として、要件定義の内容をもとに機能や情報をグルーピングして構造化する
- まずは、ユーザーが使う主要画面から設計する
- 構造設計がきれいにできるようなると、画面の検討のスピードや設計のクオリティが上がっていく

　アプリを起動した時に最初に必ず開く「ホーム」タブから設計していきます。この画面が常にユーザーの行動の起点となります。

　現在、ニュースアプリは、上タブでニュースのジャンルを切り替えるスタイルが主流になっています。その「慣れ」を活用することで、後発のこのニュースアプリもユーザーにストレスなく使ってもらえると想定して、同じ上タブでジャンルを切り替えるスタイルとします。

タブの種類

　タブの種類は、大きく分けると、次の3種類に分類されます。

トップタブ

トップタブ

　最初に現在の主要ニュースを表示します。その下に、ログインしているユーザーには、記事の閲覧履歴や My Channel の利用状況をもとに、ユーザーに最適化されたニュースを表示し、ログインしていないユーザーには、12時間以内の新着もしくは閲覧数が多い記事を表示します。

　また、毎朝の利用の習慣化をしてもらうために、天気と星座占いのエリアを設置します。お住まいの場所と生年月日を設定してくれているユーザーには、そのエリアの天気と自分の占いの順位を表示し、バタバタしている朝の準備の際にすぐに必要な情報が手に入るようにします。タブの直下に配置して、すぐに目に入るようにするもののメインのコンテンツではないため、少し小さめに表示することを意識します。

注目タブ

　ニュースのランキングを、トップの右隣に設置します。トップで見たかったニュースが見つからなかった時に、右のタブにユーザーが移動することが

想定されます。よって、多くの人の興味を引いている記事がわかるこの注目タブを、トップのすぐ隣に置くことで記事がタップされる確率を増やすことを狙います。30分ごとの閲覧数の集計データをもとに、記事のランキングを50位まで表示します。この注目タブだけは、他のタブとはレイアウトが異なり、順位が表示されます。

注目タブ

ジャンル別タブ

ニュースをジャンル（例：国内、政治、経済など）ごとに閲覧できるようにします。基本的には、トップと同じレイアウトですが、トップにある天気・占い・タブ編集の領域は表示しません。

TIPS ユーザーの「慣れ」を利用する「ヤコブの法則」

ヤコブの法則は、ユーザビリティの父と言われたヤコブ・ニールセンが2000年に提唱した概念で、ユーザーの「慣れを活かすこと」に非常に大きな価値があるとしています。これは、ユーザーが過去に利用してきた他のWebサイトやアプリのデザインや機能に慣れ親しんでいるため、新しく利用するWebサイトやアプリでもそれらと似た体験をユーザーは期待するという考えに基づいています。

アプリの場合は、基本的なレイアウトやメニューの設置場所、アイコンの指す意味、ジェスチャーによる操作などが該当します。アプリの設計をする時は、突飛な発想を目指すのではなく、この慣れを活用することでユーザー体験を向上させて、より使いやすいプロダクトを実現することを目指します。

上タブの並び順

上タブの並び順としては、まずは仮説をもとにデフォルトの並び順は決めて（今回はユーザーに人気のありそうなタブ順）、アプリのローンチ後にどのタブが実際に多く見られているかを確認しながらデフォルトの並び順を変更していきます。

スクロール時の挙動

　画面をスクロールした時の挙動についても設計
をしていきます。記事一覧を表示するエリアをな
るべく広くし、少しでも画面内に表示される記事
の数を増やすことで、ユーザーが読みたい記事を
見つけやすくしたいと考えています。よって、ス
クロール時はナビゲーションバーは隠すようにし
ます（画面上部のタイトルを表示するエリアをiOS
では「ナビゲーションバー」と呼びます）。ただし、
上タブは、表示中のタブ内で読みたい記事がなかっ
た時に、すぐに違うジャンルのタブに移動ができ
るように、スクロール時も表示を残します。

スクロール時

未読／既読の表示

　ニュースの一覧を表示する際は、すべての箇所で「未読の記事か／既読の
記事か」を視覚的にわかるようにします。視覚的に表現することで、ユーザー
は読んでいない記事から読みたくなる記事を探しやすくなります。たとえば、
「トップ」を見てから、すぐ隣の「注目」に遷移した場合は、掲載される内
容が被っている記事があったとしても、すぐに未読の記事がわかるので、記
事を探しやすくなります。

トップタブ　　　　　　　　　　注目タブ

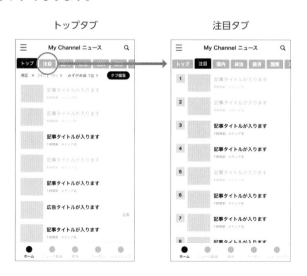

検索機能

　記事の検索は、そこまで頻繁に利用されるものではないと想定しています。閲覧数が多い記事やユーザーに最適化されたニュースをトップで優先的に表示するため、ユーザーが読みたい記事に自然と出会えることを理想的なUXとします。よって、この画面内での検索機能の優先度を下げて、検索機能への導線はナビゲーションバーの中にアイコンを表示するだけにします（タップ後の動作については、後ほど設計します）。

タブの編集機能への導線の設置

　上タブは、「トップ」を除いてユーザーの自由に順番を並び替えられるようにして、興味のあるジャンルにユーザーがすぐにアクセスができるようにします。上タブが編集できることを、2箇所でユーザーに伝えることにします。毎日利用してもらうことを想定したアプリなので、上タブをカスタマイズすることで、ユーザーの利便性や満足度の向上に寄与することを目指します。上タブがカスタマイズできることをユーザーに伝えるために、必ずファーストビューに入る「トップ」の天気と占いの横に「タブ編集」ボタンを設置します。さらに、一番最後のタブまで来たユーザーは上タブを切り替えることへの意識が強いと想定されるので、目の前の内容が編集できることをわかりやすく伝えるために、上タブの右端にもボタンを設置します。

　また、ナビゲーションバーの検索アイコンの横にアイコンとして設置することも考えましたが、この「タブ編集」はアイコン化すると何の機能かわかりづらくなるため、見送りました。

トップタブ　　　　　　　　　　　　タブの右端

**長く使い続けいているユーザーのほうが
設定をカスタマイズしている傾向にある**

　さまざまなプロジェクトの統計を見てみると、長く使い続けてくれる
ユーザーのほうが、アプリ内でカスタマイズ可能な項目を変更している
割合が大きい傾向にあります。長く使ってくれているからカスタマイズ
してくれているのか、カスタマイズしているから長く使ってくれている
のかは判断が難しいですが、「より見やすい画面になることはユーザー
の満足度に寄与する」という仮説をもとに、カスタマイズできる設定画
面への誘導はユーザーの目に一度は入る位置に設置します。

 **カスタマイズ機能の利用率は
低いという前提で設計する**

　私たちの過去の経験では、アプリのインストール直後の利用開始フロー
の中で設定のカスタマイズを促される場合を除いて、ユーザーによる表
示カスタマイズ機能の利用率は多くは数%、最も高いものは25%程度
でしたがそれはごく一部です。1%未満のものも珍しくありません。また、
ユーザー自身がカスタマイズしないと使いやすくならないアプリは、徐々
に使われなくなっていく傾向がありました。

　よって、ユーザーに提供するサービスでは、基本的にはユーザーがカ
スタマイズしなくても使いやすい表示になることを目指すべきです。こ
のニュースアプリでは、表示される記事を自動的にパーソナライズ化し
たり、上タブのデフォルトの並び順を運営しながら見直していく必要が
あります。

 **編集可能な情報はその編集導線を
その近くに置くことが理想**

　表示されている情報のうち、ユーザー自身が編集できる情報は、その
場で編集できるようにしておけば、迷うことがなく直感的に利用できま
す。編集機能はその情報の近くに導線を置くことが理想です。

インターネット接続がない時の対応

　このニュースアプリは、インターネットに接続していないとニュースなど
のコンテンツが取得できません。よって、モバイル回線やWi-Fiに未接続の

時にどう表示するかを、先ほどの正常な状態とセットで考えなければいけません。

再読み込みボタンの設置

　圏外のため表示するコンテンツが取得ができなかった時は、その理由を画面に表示し、解決手段として再読み込みボタンを設置します。これにより、ユーザーは自分のスマホの電波状況を確認して、インターネットへの接続が回復したら、その再読み込みボタン（「もう一度読み込む」）を押して画面を正常な状態に戻そうとします。

インターネットに接続されてないことを事前にお知らせ

　ユーザーが、電車の移動中などで操作中に急に圏外などになるケースがあります。そうすると、一見、正しく動作しそうなのに、タップしても急に情報が表示されなくなり、ユーザーにとっては違和感やストレスを感じることになります。そのため、電波状況が悪くなったら、事前に画面の下部にフローティングで、電波状況が悪いことを伝えるメッセージ（「インターネットに接続されていません」）を伝えて、スマホのインターネットへの接続状況が正常ではないことを伝えます。

データの取得ができなかった時

途中で圏外になった時

　ユーザーが操作して正常に動作しなかった時やユーザーにとって想定外のエラーが発生した時は、ユーザーにストレスのかかる状況になり、アプリへ

のネガティブな印象が強くなることがあります。そのため、必ず「理由」と「解決策」を提示することでユーザーに理解をしてもらい、ネガティブな印象を軽減します。そのままアプリを閉じられると「エラーが起きたアプリ」としての印象が強くなってしまいます。

 例外系を意識する

　UIの検討においては、画面や機能ごとに「正常系」「例外系（もしくは異常系）」という状態の整理を行います。「正常系」はすべての情報や機能が正しく動いている理想的な状態を指し、「例外系」はインターネットへの接続がうまくいかない／何かしらの理由でデータが取得できない、といったエラーの状態を指します。すべての画面で正常系と例外系を意識し、例外系がある場合はその定義を行っていく必要があります。全画面の正常系を定義してから例外系がある画面を探して定義してもいいですし、画面ごと両方同時に定義しながら進めるのでもOKです。
　例外系の代表的な例を紹介します。

- ●初めて利用する状態
  - 例：設定などがされていない状態
- ●データが0件の状態
  - 例：検索結果が0件の状態
- ●エラーの状態
  - 例：プログラム上のエラーが発生した状態
- ●インターネットに接続できない状態
  - 例：データの取得や機能の実行ができない状態
- ●データ読み込み中の状態
  - 例：データを表示するのに一定時間かかる状態

　また、画面の正常系や例外系の状態と同じように、検討しなければいけない画面内の要素ごとの状態（ボタンなどの状態）も紹介します。

- ●非アクティブの状態
  - 例：特定の動作をするまでボタンがアクティブにならない（押せない）状態

- **フォームにおける入力前／入力中／入力後の状態**

  例：入力中に候補が出てくる状態

- **フォームにおけるエラーが起きた状態**

  例：入力／設定された値に不備があった状態

 **「ピーク・エンドの法則」を意識して
負の感情を軽減する**

　ある出来事に対し「人は、感情が最も高まった時（ピーク）の印象と、最後の印象（エンド）だけで、その対象の評価を行う」という法則が、「ピーク・エンドの法則」です。この法則は、心理学・行動経済学者のダニエル・カーネマン氏によって1999年に発表されました。日本人にとっては「終わりよければすべてよし」という言葉と似ていますが、違うのはネガティブな時にもこの法則が適用されるという点です。開発されたプロダクトにおいては、バグやトラブルとは切り離すことはできません。よって、ネガティブなことが起こった時に、ユーザーの負の感情を大きくしないための表示、もしくは、事前のケアなどをすることが、継続して気持ちよくアプリをユーザーに使ってもらうために大切です。

　たとえば、何かの抽選に落選した時は、落選した時に残念感を煽る表現よりも、次は当選するかもしれないとポジティブな表現にしたほうが適切です。

ピークエンドの法則

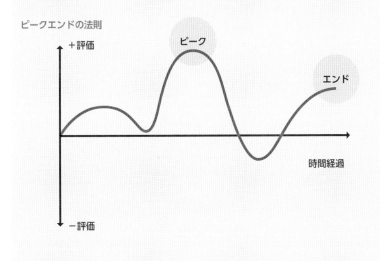

エラーが起きた時の自己解決手段の提示

　ソフトウェアを使っている時に、エラーが起きた時は、以下の2つをセットで提示することが重要です。

- なぜ、それが起きたのかを伝える
- 解決手段を提示する

　時々、エラーが起きた際に「エラーコード5432」などとだけ表示されたことはありませんか？ それは、エラーの時の最悪な表示です。ユーザーは何の情報も得られないどころか、どうすれば解決できるかもわかりません。いわゆる「詰み」の状態で、ユーザーがソフトウェアから離脱しやすくなります。

　エラーが起きることは、ユーザーに負の感情を生むことになりますが、その時に、その理由と解決手段を提示することで、ユーザーの思考を「疑問や不満」から「作業」にスイッチし、ユーザーの負の感情を軽減していきます。

3 3 記事の検索機能を作る

次に、「ホーム」タブのナビゲーションバーにある記事の検索機能について考えていきます。

すでに検討した通り、そこまで優先度の高い機能ではありませんが、たまに使った時に使い勝手が悪いとアプリへの印象が下がりやすいので、手を抜かずに丁寧に作っていきます。

検索画面は「①検索前」「②検索中」「③検索後」の3つの状態に分解することで、検索のユーザー体験を一連の流れとして検討ができるようになります。

① 検索前（検索画面の表示）

検索画面はフルモーダルで表示

検索ボタンをタップすると、1-5の「画面と動きをパターンで考える」で紹介した「フルモーダル」で、検索モードに切り替えます。モーダルの画面なので、画面が下から上にスライドしてくるイメージです。

キーボードを自動的に表示する

検索画面をモーダルで表示したら、キーボードをすぐに表示するようにして、ユーザーがキーワードをすぐに入力できる状態にします。このちょっとした気遣いで、ユーザーの無駄なタップ数が減り、スムーズに操作ができるようになります。

検索をサポートする表示の検討

フルモーダルで表示した検索画面における検討ポイントは、「検索フォームのエリアより下に、最初に何を表示するか」です。

今回の場合、パターンとしては、空白（何も表示しない）を除いて大きく2つあります。1つ目は、検索履歴を表示しその履歴をユーザーがタップす

ることで、ユーザーの入力の手間を省き検索結果を表示するパターンです（パターンA）。2つ目は、最近よく検索されているキーワードの候補を表示することで、同じキーワードを検索しに来たユーザーは、そのキーワードの候補をタップするだけで検索結果を表示するパターンです（パターンB）。

　これらの2つの目的としては、両方ともに「ユーザーのアクションの簡略化」ですが、今回はどちらがよいのかを検討します。

サービスの特性に合わせて判断する

　ディスカッションの結果、今回は「パターンB」という結論になりました。理由は大きく2つです。

- 現在の仮説としては、記事検索機能はよく利用される機能ではないと考えています。よって、この機能を利用する時は、前回の利用からそれなりの期間が経った後であると想定すると、「過去のキーワードであらためて検索をしたいと思わない」と考えました
- 検索キーワードの履歴というのは、ユーザーのプライバシーに関わる内容です。そのため、久しぶりにこの画面を開いた時に、履歴が保存され

ていることを忘れていた状態で「過去の検索履歴が表示されることで、不快に感じる人もいるのではないか」と考えました

このように、サービスの特性を意識しながら判断をしていきます。もちろん、他のサービスであればパターンAを選択する可能性があります。

 プレースホルダを活用する

検索画面や設定画面などで、文字を入力する「フォーム」を利用する時は、「プレースホルダ」を活用してユーザーの入力をサポートします。プレースホルダとは、フォームに何も入力されていない時に、何を入力するべきかをフォーム上に表示するテキストです。たとえば、今回の記事の検索画面であれば、以下のように、説明を表示したり、具体例を表示します。

説明を表示する / 具体例を表示する

プレースホルダをフォームで活用する時の注意事項が1つあります。それは、入力ルールなどの入力内容に影響する説明をプレースホルダに記載すると、入力中のユーザーは入力ルールを記憶しなければならないことです。

たとえば、パスワードを設定する画面を想像してください。パスワードは、一定のルールで入力する必要があります。次のパターンAだと、パスワードを入力しようとすると、入力ルールが消えてしまい、何を入力すればいいのかわからなくなってしまいます。入力ルールを記憶させることはユーザーへの負荷が大きいので、パターンBのようにプレースホルダには書かずにフォームの外に記載を行います。

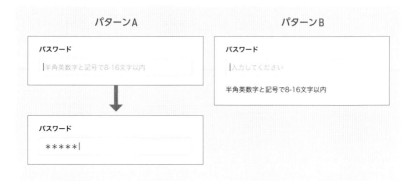

TIPS
画面遷移の動きの定義

先ほど、「モーダルの画面なので、画面が下から上にスライドしてくるイメージです」と記載をしましたが、通常の遷移以外の挙動はワイヤーフレーム内に補足説明として必ず記載し、実装する開発者が正しく設計の意図を理解できるようにしておきます。記載しないと、UI/UXデザイナーからすると想定外の画面の動きで実装されてしまう場合があります。

画面の動きをワイヤーフレームに定義する

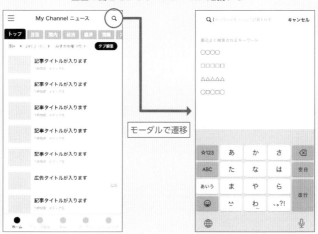

② 検索中（キーワードの入力）

　ユーザーが入力中に、その候補を表示する手法を「インクリメンタルサーチ」と言います。Googleなどで検索する時に、よく出てきます。

　ユーザーがキーワードを入力する途中に、アプリがキーワードの候補を表示します。ユーザーはすべて入力する前に、表示された候補をタップすることができ、入力の手間を省けます。

　インクリメンタルサーチの役割は大きく2つあり、1つは先ほど伝えた「入力の手

間を省くこと」、もう1つは「ユーザーの曖昧な記憶をカバーしてあげること」です。たとえば、人の名前を検索する時に、その名前や漢字が正しく思い出せなくても、その候補を表示することで、ユーザーは正しい名前を思い出せます。

　ただし、実装するには技術的な検討が必要な場合があるため、エンジニアへの相談が必要です。

> **TIPS** ユーザーが気軽に入力できるようにする
> 「ポステルの法則」

　先ほどの検索中の画面を例に取ると、「さっ」という候補に対して「札幌」という候補が出ていることがわかります。これは、「さっぽろ」という読み方のデータをシステム側が持っているためです。もしこれが「札」と入れないと、「札幌」と出てこないとすると、ユーザーの支援にはなりません。つまり、ユーザーの入力が厳密ではなくても、システムがサポートをしてくれている状態です。

　たとえば、住所の番地を半角の文字で入力したフォームを送信した時に、「文字は全角で入力してください」というエラーが過去に出たことはありませんか？「システム側で全角に変更してくれないの？」と思った方も少なからずいるでしょう。まさに、その通りです。どう保存するかはシステム側の都合であり、その入力の制約をユーザーに課すのはユーザビリティが落ちる原因となります。

コンピューター学者であるジョン・ポステル氏によって1981年に提唱された「入力は寛容に、出力は厳密に」という設計の原則があり、「ポステルの法則」と呼ばれています。元々は、通信技術の設計のために提唱されたものでしたが、その考え方は現在のUI/UXに引き継がれています。

入力の際に多くの制約があるとユーザーがストレスを感じるため、ユーザーに入力を求める際は必要最低限の制約にとどめ、多様な手段（テキスト入力・音声入力）による入力を許可します。入力の制約を最小限にするために、ユーザーの操作や入力内容に対して柔軟な設計を行うことが求められます。

③ 検索後（検索結果の表示）

検索結果は、ホーム画面の圏外時の時と同じように、正常系（検索結果が1件以上ある）と例外系（記事がヒットせずに検索結果が0件）を定義します。

結果の表示　　　　　　　　記事がヒットしない

上タブの編集機能

「ホーム」タブで表示されていた「タブ編集」の遷移先となる上タブの編集画面について定義を行います。

タブの編集画面はフルモーダルで表示

「タブ編集」が押されたら、画面を編集モードに切り替えたいので「フルモーダル」で、タブの編集画面を表示します。

できること・できないことを視覚的に伝える

上タブの編集機能の役割は、タブの表示・非表示とタブの並び順の変更です。ただし、制約としては「トップ」は非表示にすることも並び替えもできません。その制約事項が伝わるようにあえてトップも一覧の中に表示して、それ以外のジャンルに操作用のアイコン（≡）を表示することで「トップ」が特殊であることを伝えます。

並び替えは、アイコンを長押しして移動するという少し複雑な操作になるため、割合が多い右利きの人が使いやすいように、並び替えの機能は右側に設置します。

そして、表示・非表示のチェックアイコンは、並び替えと反対の左側に設置することで、別の2つの機能があることを明示します。

> **TIPS** 利き手とスマホ操作
>
> 一般的に、日本では左利きの人は10%弱と言われているそうで、多くの人は右利きとなっています。駅の自動改札や自動販売機の支払いも、

大多数のものは右利きを前提として行われています。

利き手の割合　　　　　　　出典：株式会社インテージ「日本人のスマホの持ち方は独特？－国際比較調査でみる
スマホ操作の国別傾向－」https://gallery.intage.co.jp/smartphone-operation/

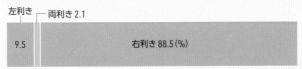

スマホを持つ手は、年代によって傾向が異なるようです。スマホでよく行う作業によって傾向の違いがあるのかもしれませんが、10代〜30代までは右手と左手は半々くらいですが、40代以上になると左手で持つ人が多いようです。

日本人のスマホの持ち手　　　　出典：株式会社インテージ「日本人のスマホの持ち方は独特？－国際比較調査でみる
スマホ操作の国別傾向－」https://gallery.intage.co.jp/smartphone-operation/

	左手	両手	右手
50代	78.9	2.3	18.8
40代	72.7	4.7	22.7
30代	47.6	4.0	48.4
20代	42.9	7.9	49.2
10代	42.9	16.7	40.5
全体	57.0	7.1	35.9 (%)

最後に、どの指で画面を操作しているのかを見ていきます。日本人の場合、「左手持ちで右手の人差し指で操作する人」が最も多く、次に、「右手持ちで右手の親指で操作する人」「左手持ちで左手の親指で操作する人」が後に続きます。ちなみに、海外だと、「右手持ちで左手の親指で操作する人」が多いようです。

日本人のスマホ操作　　　　　　出典：株式会社インテージ「日本人のスマホの持ち方は独特？－国際比較調査でみる
スマホ操作の国別傾向－」https://gallery.intage.co.jp/smartphone-operation/

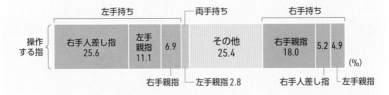

UIを設計する時は、実際の操作を意識しながら操作が必要なボタンなどの位置を決めていきます。

③⑤ 記事の詳細画面

　さまざまな画面から誘導されて表示される画面が、記事の詳細画面です。この画面は、当然その記事の内容を確認できるという役割を持ちますが、それ以外にも次のような役割を持ちます。

- ●記事の送信／SNSへの投稿
- ●記事に関連するMy Channelのサービスへの誘導
- ●ブックマーク機能による記事の保存
- ●関連記事や関連動画への誘導

記事の表示

基本要素の配置

　はじめに、記事を構成している要素を整理します。

- ●タイトル
- ●本文（画像を含む）
- ●提供元メディア（媒体）
- ●日時

　タイトルは、その画面（記事）の主役なので、最も目立つようにします。
　過去の記事を表示した時に、それがいつの記事なのかはとても大事なので、日時は大きくは表示しないもののタイトルの直下に表示してファーストビューに表示されるようにします。
　そして、空いたスペースに提供元メディアのアイコンを表示します。

読んだ後に記事へのアクションを配置

記事を読み終わった後に、その流れで記事に対するアクションをしやすいように、本文の後にアクションの候補を表示します。記事を読んだ後にすることが想定されるアクションは、記事のブックマークと、メール・LINEによる人への送信、そしてFacebook・X（旧Twitter）へのシェアです。

「この記事を送る／シェアする」と具体的に見出しに書いたのは、イントロダクションの「ユーザー調査」でも記載をしましたが事前のユーザー調査を実施した際に、記事の送信／共有方法がわかっていなかった50代〜60代の方が数名いたためです。こういったターゲット層にも便利に使ってもらいたいので、できることを明示的に見出しに記載してユーザーに伝えます。

また、画面を下にスクロールしても常に表示されるナビゲーションバーにも「共有」ボタン設置し、ユーザーが記事に対するアクションをいつでもできるようにします。

記事に関連する情報の配置

記事へのアクションのエリアより下は、直接的ではなく間接的に記事に関連する情報を表示するエリアとして設計をしていきます。

はじめに、記事に関連するMy Channelのサービスを紹介し、導線を設置します。

たとえば、映画やドラマなどの映像関係の記事であれば、こちらのように動画配信サービスへの誘導を表示するイメージです。

My Channelのサービスへ誘導

次に、関連記事と関連動画を表示します。動画の場合は、それが動画であることがすぐにわかるように、サムネイル内に動画の時間を表示します。

記事に直接関連しない情報の配置

　関連記事と関連動画の下に、広告を表示します。このタイミングまで広告を表示しなかったのは、ユーザーの一連の「記事を読む」という最も大事な行動を分断しないためです。

　そして最後に、この記事に直接関係のない現在人気の記事を表示して、ユーザーが他の記事に回遊するように誘導していきます。

TIPS

ファーストビューを意識する

　アプリやWebサイトにおいては、多くの画面においてファーストビューを意識します。ファーストビューとは、画面を開いた時に、スクロールしないで表示されている最初のエリアであり、その範囲はユーザーの端末に依存します。

　ファーストビューを意識する理由は、ファーストビューにユーザーが欲しい情報がないとその画面から離脱する傾向があるからです。そのため、その画面の目的の達成や理解のために必要な情報が、ファーストビューの中に表示されているかを意識して画面を設計します。

　ワイヤーフレームがビジュアル化されると実際の体裁や余白が変わり、ファーストビューに表示される範囲が変化しますが、ワイヤーフレームの段階から事前に意識して設計しておきます。

ボタンは動詞にする

　ボタンで表示するテキストについては動詞にすることをオススメします。「ブックマーク」ではなく「ブックマークする」、「保存」ではなく「保存する」、「次へ」ではなく「次へ進む」、「削除」ではなく「削除する」など、ユーザーのアクションは動詞で表現したほうが、そのボタンを押した後の結果を想像しやすくなります。先ほどの記事の詳細画面だと「この記事をブックマークする」が該当します。

　もちろん、ボタンなどの表示幅が狭い場合は、名詞（例：「保存」）にしないと収まらない場合もあるので、一つひとつの表現にこだわってルールを整理しながらテキストを決めていきます。

 TIPS
シェアする内容を定義する

　メールやLINE、FacebookやXなどに送信をしたい場合は、何を送るかを定義する必要があります。「URL」だけを送るのか、それとも、「タイトル＋URL」を送るのかを定義します。ナビゲーションバーに「共有」ボタンがありますが、それを押すと、OSが共有先の候補を表示してくれます。その時に、何を共有するか（テキストなのか、画像なのか、テキスト＋画像なのか）によって、表示される共有先の候補が変わってくるので、正しく定義をしましょう。正しく定義しないと、表示してほしい共有先が表示されないケースがあります。

iOSの共有

Androidの共有

ブックマークに対するアクション

　ブックマークに対するアクションを整理します。

　「この記事をブックマークする」がタップされた時は、ボタンをブックマーク済みであることを示すボタンに変更します。

　また、初めてブックマークをした時は、ブックマークの保存場所の説明をポップアップで行います。

ブックマークボタンを押した時

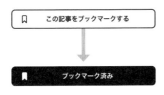

初めてのブックマークの直後

タップに対するリアクション

　すべてのユーザーがタップするボタンに対しては、たとえばタップされた時にボタンの背景を変えたり、Androidではリップルエフェクトと呼ばれる標準のタップ反応を活用するなどして、ユーザーのアクションに対するフィードバックを必ず設定していきます。アクションに対するフィードバックをユーザーが感じられることで、ユーザーは安心して気持ちよく利用できるようになります。

　画面を遷移するだけのボタンだけではなく、いいね！やブックマークの保存など、タップすることで状態が変わるボタンも同じようにフィードバックを設定していきます。

「ニュース動画」タブ

「ホーム」タブの隣となる「ニュース動画」タブです。ニュース動画をショート動画形式で配信する画面で、今回のニュースアプリで、最も特徴的な機能です。

ニュース動画画面

「ショート動画」としての基本的なUI

この画面の特徴は、タブを開いた瞬間に自動的に動画が再生され、その動画を見終わった時やその動画に興味が湧かない時は、画面を下方向にスワイプすると、次の動画が出てきてまた自動的に再生されるというものです。

画面をタップすると動画は一時停止します。また、動画の下部にはインジケータを表示して再生位置を表示します。

また、動画自体の見やすさを考慮して、他のショート動画のアプリと同じように、画面の背景を暗くします。そうすることで、他のショート動画のアプリと同じようなUIになるので、ショート動画の一般的なUIを利用したことがある方には、このニュースアプリでの操作方法も想像できるようになります。

関連機能や情報の設置

動画の下部には、ブックマークボタンと関連するニュースを表示するための導線を設置します。

50代〜60代を意識した操作サポート

50代〜60代に多いと想定されるショート動画のUIが初めての方向けに「画面をスクロールして次へ」とテキストを表示して、画面の操作方法をサポートします。

動画の表示ロジック

　動画は、最新の動画かつ未視聴の動画を優先的に表示していきます。ユーザーに、まだ見ていないニュース動画が受動的に届くことを狙いとします。

　こういった表示ロジックは、ユーザー体験に大きく関わるので、ワイヤーフレームの段階で決めていきます。

動画の一覧表示への切替導線

　動画の一覧から動画を選べる機能を望む声があったので、画面の上部に「一覧から探す」ボタンを設置して、表示を切り替えられるようにしました。

関連ニュース画面

　ニュース動画画面で「関連ニュース」をタップすると画面が遷移して、「関連ニュース」画面が表示されます。この画面では、前の画面の動画に関連する動画と関連する記事を表示します。

関連動画と関連記事の両方がファーストビューに表示されることを意識する

　1つのニュースに対して、関連する動画が10件もあるとは想定しませんが、それなりの数が一覧で表示されるとファーストビューに関連記事が表示されない可能性があります。

　この画面内に関連動画とは別に関連記事があることを見せるために、関連動画はデフォルトでは最大でも3件しか表示できないようにして、関連記事がファーストビューで表示されるようにします。「すべて表示する」をタップすると隠れていたすべての関連動画が表示されるようにします。

　関連記事のほうは、この下に特に何もないので、最初から全件を表示します。

124

　表示されている関連動画をタップすると、次の画面に遷移して「ニュース動画」タブのトップと同じように、自動的に動画が再生されます。そして、画面を縦方向にスワイプすると、他の関連動画が表示されます。

一覧から探す

　「ニュース動画」タブのトップで、画面の上部に「一覧から探す」というボタンを設置しましたが、その画面を定義します。

レイアウト案を検討する

　動画を一覧で表示する画面を、1-5の「画面と動きをパターンで考える」で解説したレイアウトパターンに当てはめてみると大きく3つの案が思い浮かびます。一体、どれがいいでしょうか？

A案	B案	C案

　今回は議論の結果、B案で行くことにしました。動画の一覧性と疲れない目線の動きを考慮すると、最も適している画面がB案という結論になりました。

TIPS　迷ったらUIの形にしてみる

　複数のアイデアで迷ったら、とにかくUIを形にします。形にしたほうが、得られるものが大きくあります。たとえば、動画の一覧と言われて、YouTubeのホーム画面（A案）を想像する人がいたとします。ですが、その画面に何個の動画が入るかまでは想像できません。実際にYouTubeの画面を見てもいいですし、実際に画面にしてみて他の案と比較すると、「一覧から探す」と言っているのに一覧性がないことがわかります。そして、迷った時はプロジェクトメンバーに意見をもらいますが、具体的にUIの形になっていたほうが質の高い議論を行えます。

TIPS　目線の動きを意識する

　一般的に、WebサイトやアプリのUIにおけるユーザーの目線は、上から下へ流れます。そして、画面によっては、目線は「Z」の形で徐々に下に流れ、間接視野なども使いながら情報を取得していきます。

　今回の案ごとの想定の目線の動きを想像してみましょう。

A案	B案	C案

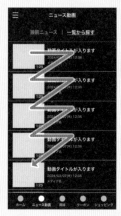 

ニュースの動画の場合は、ECサイトのように商品のサムネイルだけで自分に必要な情報かどうかを判定することが難しい可能性を考慮して、サムネイルだけではなくタイトルも見て、見たいニュースかどうかを判断している可能性があるという仮説を立てました。

　実際に、想定する目線の動きを表現してみると、C案は目線の動きが大きいため疲れやすそうです。A案は目線がシンプルな一方で一覧性に欠けます。よって、今回の場合はB案にすることが最適である、という結論になりました。

③ ⑦ 「興味」タブ

　今度は中央の「興味」タブを定義していきます。

　このタブの画面には、ユーザーに自分の趣味や関心のある情報を配信しているメディアを選んでもらうことで、そのメディアの記事がユーザーに配信されます。

　「ホーム」タブと「ニュース動画」タブの時事ニュースを見終わった後に、次に見るものの1つとして、ユーザーを回遊させていくことを狙いとします。

初期状態

　ユーザーがメディアを登録する前の画面を定義します。

ユーザーに関連するキーワードを表示することで、自分に関連する画面だと感じてもらう

　画面の説明と、ファッション・グルメ・料理・子育て・車・投資など、ユーザーの興味を引きそうなキーワードを記載することでユーザーとの接点を作り、自分にとって役に立ちそうな画面だと感じてもらいます。

メディアの登録後

「ホーム」タブとは違うUI/UX

　メディア別に見たいユーザーと、まとめて見たいユーザーがいるという前提で設計を行っていきます。ユーザーには気軽にメディアを追加していってほしい一方で、「ホーム」タブと同様に上タブで切り替えられるようにすると、メディアを多く追加していくと操作しづらくなっていく可能性があります。よって、「興味」タブのUXは次のように整理しました。

- まとめて記事を見ることが基本UX
- メディア別に記事を見ることはサブのUX

　その結果、上タブでメディアを切り替える、というUIにはせずに、すべての記事を1つの画面にまとめて表示するというUIにしました。そのほうが、自分の好きなことをまとめて見られる、というメリットもあるように考えたのも理由の1つです。また、記事は日時が新しい順で表示します。

時事ニュースよりも多そうな検索ニーズ

　興味のある記事のほうが、時事ニュースよりも検索ニーズが高そうなので、検索フォームにすぐにアクセスできるように上部に最初から表示します。検索フォームをタップすると、検索画面がモーダルで表示される想定です。

メディアの一覧とメディアの編集導線の設置

　サブのUXであるメディア別に記事を見るための導線は、検索フォームの下に配置することにしました。ここには、登録したメディアの一覧を表示し、その数が多い場合はアコーディオンにして格納します。メディアの一覧は、ユーザーがよく見るメディアから順番に表示することで、ユーザーの利便性やアプリ内の回遊率を向上させます。各メディアをタップすることで、そのメディアの記事だけを表示する画面に遷移します。

　また、ナビゲーションバーに「編集」というボタンを設置し、「興味」タ

ブに表示するメディアを追加・削除するための画面へ誘導します。

登録済みメディアの表示

メディア一覧のアコーディオンのボタンを押す
と、ユーザーが登録したすべてのメディアの一覧
を表示します。各メディアをタップすると、メディ
ア別に記事を閲覧できます。

目の前の内容が編集できるようにする

最後に「整理する」というボタンを設置して、
不要なメディアがあれば、削除できる画面への導
線も用意します。

メディア別の記事一覧

「興味」タブに表示されている登録済みメディ
アの一覧から、ユーザーが任意のメディアをタッ
プすると、メディア別に記事が見られる画面に遷
移します。

登録ボタンの表示切替

ナビゲーションバーの右上には、「登録済み」
ボタンがあり、解除したい場合はそこをタップす
ると登録が解除され、「登録する」ボタンに切り
替わります。

表示するメディアの管理

　次に、「興味」タブで表示するメディアを管理する画面について考えていきます。メディアを管理する画面は、「興味」タブのナビゲーションバーの「編集」ボタンから遷移します。

　メディアの編集には、次の2つの役割があります。

- 興味のあるメディアの登録
- 登録したメディアの解除

　UX としては「一度登録したら登録しっぱなしで、後は、その記事が流れてくるだけ」を目指しているため、削除よりも登録の優先度を上げていきます。

セミモーダルで表示してより気軽さを演出

　「興味」タブでは登録したメディアの記事を表示しますが、メディアを管理する画面は、表示するメディアの「編集モード」にするためにモーダルで表示します。今回のモーダルは、より気軽にメディアを登録してもらいたいので、セミモーダルで画面を表示します。

メディアの検索

　メディアは、キーワードによる検索とカテゴリによる検索の2種類の方法で行います。

　最初の画面でカテゴリをタップすると、画面が遷移してそのカテゴリ内のメディアの一覧が表示され、任意のメディアを登録できます。また、メディア名をタップすると、先ほど定義したメディア別の記事の一覧画面が表示され、登録する前にどのような記事があるかも確認できます（キーワードによる検索は、基本的な流れが記事検索と変わらないので省略します）。

興味(メディア)の管理　　　　　カテゴリ別メディア一覧

登録したメディアの解除

　興味（メディア）の管理をする画面のナビゲーションバーの「現在の設定 (8)」をタップすると、現在の設定を確認できる画面に遷移します。その画面には登録済みのメディアの一覧が表示され、メディアの解除を行えます。

　この現在の設定を確認できる画面は、「興味」タブの画面上部のアコーディオンを開いた時に最後に表示される「整理する」ボタンからも参照できるようにします。ただし、その時は、遷移が複雑になるため興味（メディア）の管理の最初の画面の戻る導線はなくし、そのまま画面を閉じられるようにナビゲーションバーの左端のボタンを「戻る」から「閉じる」に変更します。

現在の設定　　　　　　　　　「興味」タブから直接の遷移

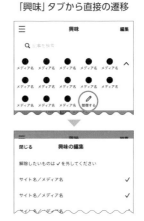

複数の箇所から遷移しても
違和感がないように設計する

　複数の箇所から遷移される画面の場合は、それぞれからどう参照されるかを意識して、画面の設計を行います。今回のニュースアプリでは、設定画面や記事詳細が対象となります。画面を1つのパーツとして捉えて、必要な場所からその画面に遷移するための導線を設置し、ユーザーの利便性が上がるように設計します。また、表示される画面は新たに作らずに同じ画面を表示することで開発コストも上がらないように設計していきます。

 メニューのボタンのタイトルと
ナビゲーションバーのタイトルを一致させる

　アプリ内で特定のボタンをタップして画面を遷移していきますが、遷移先の画面では、ナビゲーションバーにその画面のタイトルが表示されることが一般的です。

　基本的な原則としては、タップもとのボタンの表記と、遷移先のナビゲーションバーのタイトルの表記は、同じタイトルにします。

　この表記が違うと、ユーザーは想定と違う画面に遷移してしまったのではないかと不安に感じたり、迷ってしまって離脱することもあります。

遷移元のボタンと遷移先の画面タイトルの一致

クーポンが利用されるストーリーを考える

「クーポン」タブは、「日々の生活を少しだけおトクにするお手伝いをするコーナー」ですが、まずは、クーポンを使うストーリーを想像して設計のための仮説を組み立てていきます。

想定されるストーリーは大きく次の2つのケースです。

- そのお店に行って、クーポンがあることを思い出して利用するケース
- クーポンがあることを知っていて、それを利用するためにお店に行って利用するケース

どちらが多いでしょうか？ チーム内で議論した結果、圧倒的に前者が多く、そのお店を来訪したのはクーポンが使うことが目的ではなく、そのお店に行って何かを買ったり飲食することが目的で「あ、そういえば、クーポンあるかも」と思い出してアプリを立ち上げるという経験が大多数でした。

よって、「そのお店に行って、クーポンがあることを思い出して利用する」というストーリーを前提に画面を定義します。つまり、大事なことは「クーポンがあることを思い出してもらうこと」だと言えます。

クーポンの存在を思い出してもらうには？

では、どうやって、このアプリでクーポンがあることを思い出してもらうのでしょうか？

そのために、アプリとして大事なことは次のうちどちらなのかを考えます。

- そのお店で使えることをユーザーの記憶に残すこと
- どのようなクーポンがあるかをユーザーの記憶に残すこと

情報の粒度が細かくなればなるほど、ユーザーの記憶にはとどまりません。

たとえば、「○○で使える」と「○○で□□が安くなる」という情報であれば、「○○で使える」の情報のほうが記憶に残りやすいと考えます。

よって、「クーポン本体」よりも「クーポンが使えるお店」を記憶に残すことが最優先事項になるため、最初にクーポンが使えるお店の候補を見せることを考えていきます。そうすることで「あっ、よく行くあそこのお店で使えるのね」と自分ごと化され、記憶に残りやすくなることを期待します。

クーポンを利用する時のことをイメージしてもらう

次に、「どのようなクーポンがあるかをユーザーの記憶に残すこと」について考えます。どのようなクーポンがあるかを表示することで「このアプリのクーポン使えるかも！」とユーザーに思ってもらい、このアプリのクーポンが役に立つアプリであることを印象づけます。ユーザーに表示されるクーポンは、本来はその人の訪問履歴がわかっていれば最適なクーポンが出せますが、このアプリではその情報は取得ができないので「多くの人が利用している人気のクーポン」を表示することで、多数派とのマッチングを行います。

これらの仮説をもとに画面を組み立てていきます。

クーポン一覧の表示

これまでの仮説をもとに「クーポン」タブのトップを2案作ってみることにしました。

A案：お店の一覧と人気のクーポンの一覧

はじめに画面上部にお店のアイコンを表示します。1行にしてカルーセルにすると、最初の段階で5店程度しか表示されずに「○○で使える」という印象を与えるには確率的に少なすぎます。よって、1行ではなく2行にして表示します。

また、お店のロゴをタップするとそのお店のクーポン一覧で表示される想定なので、最初に多めにお店を表示することで、お店に行った時にすぐにクーポンが取り出しやすくなるというメリットもあります。注文時やレジなどでクーポンの提示に時間がかかって焦った経験のある方も多いのではないでしょうか。下のクーポンの一覧のいろ

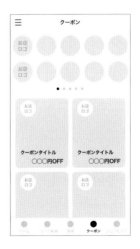

ろなお店が混合された状態から探すよりも、今いるお店だけのクーポンの一

覧を表示したほうがユーザーは素早くクーポンを利用できます。

　次に、クーポンの一覧を表示していきます。タイトルも大事ですが「どれくらいおトクになるのか（○○○円OFF）」を最も大きく表示して、ユーザーに注目してもらいます。

B案:クーポンを多角的な切り口で見せる

　A案を拡張して、クーポンをいろいろな軸で表示する案です。

　お店の一覧→クーポンの一覧という表示の流れはA案と同じですが、クーポンの一覧を表示する際にクーポンをさまざまな切り口で見せていきます。

　まずは、「このアプリのクーポン、使えるかも！」と思ってもらうためのクーポンとして「定番クーポン」を表示します。

　次に、同じクーポンを何度も使う人向けに「もう一度使う」時のためのクーポンを表示します。主には、特定の店舗で同じクーポンを使ってくれるリピーター向けのエリアとなります。

　その後は、新着のクーポンや一定の人気のジャンル（コーヒー、ファストフードなど）に絞ったコーナーでクーポンを見せていきます。

　多様な切り口で見せることで、ユーザーに興味を持ってもらう可能性を広げていき、このアプリのクーポンが自分にとって価値のあるものと感じてもらえるようにしていきます。

開発規模が小さいA案からスタート

　今回は、B案だと開発規模が大きくなるため、このアプリのメインの機能ではないクーポンは、まずは開発工数の少ないA案でスタートし、利用者が増えてきたらB案を実施する方針となりました。

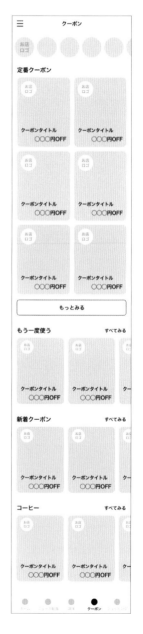

TIPS 「すべてみる」「もっとみる」ボタンの配置
（タイル表示の場合）

　B案を見て、気づいた人がいるかもしれませんが、「すべてみる」と「もっとみる」の位置が違うことがわかります。これは、ボタンがより押されるための配置を意識したものです。

　コンテンツがタイル状に並ぶケースの画面において、こういったボタンは大きくは2つのパターンで検討をすることが多いです。以下の見出しの右に配置したパターンAと、コンテンツの下に配置したパターンBを見てみます。

パターンA
見出しの右に配置

パターンB
コンテンツの下に配置

　パターンAとパターンBを見比べるとわかりますが、タイルやリストで表示する場合は、その一覧を見終わった時に、どこにそのボタンがあるかで配置を考えます。画面内の構成や要素の配置は、常にストーリーで検討します。上から順番に一覧を見て、目的のものが見つからなかったユーザーや、さらに見たいという興味を持ったユーザーに対して、自然にその続きが見られる画面へ誘導できる配置を考えます。このケースの場合は、どこにボタンがあるべきかで言うとその一覧を見終わった時

なので、パターンBのようにボタンは一覧の下にあるべきです。パターンAだと画面が見切れてしまう可能性もあります。3-6のTipsでも解説しましたが、ユーザーは何かを探したり見ている時は、目線は上から下へ流れます。下から上へユーザーの目線や動きが戻るという前提で考えるべきではありません。

一覧を見終わった時のユーザーの画面の状態

TIPS「すべてみる」「もっとみる」ボタンの配置（カルーセル表示の場合）

今度は、コンテンツがカルーセルで並ぶ場合を考えてみます。カルーセルの場合は、一覧と大きく違うのは領域がコンパクトであるという点です。

先ほどの「タイル表示の場合」のパターンBのように、一覧の下部にボタンを設置するという手もありますが、それだと、せっかく表示がコンパクトなことがメリットであるカルーセルを選択している理由が薄れてしまいます。

よって、カルーセルの場合は以下のように配置します。

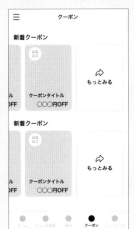

パターンA
見出しの右に配置

パターンB
カルーセルの最後に配置

よくあるベーシックなパターンとしては、パターンAのように見出しの右に設置します。「タイル表示の場合」のパターンAとは違い、見終わったとしても間接視野にそのボタンが入り、気づいてもらいやすくなります。

もう1つのパターンBは、カルーセルの最後に「もっとみる」ボタンを配置するパターンです。先ほどの「タイル表示の場合」のパターンBの「一覧の最後に表示する」と同じ考え方で、自然にその続きが見られるように誘導します。

TIPS カルーセルのフリック率を上げる

カルーセルを利用したUIは定番化しています。カルーセルでコンテンツの一覧を表示する場合は、ユーザーに横にフリックをしてもらわないとコンテンツを見てもらうことができません。

カルーセルの見出しの役割は、「なぜこれを表示しているのか」を意味することを示すことです。その見出しがあるからこそ、そのカルーセルの一覧がより意味のあるリストとなり、カルーセルがフリックされやすくなります。

さらに、過去の定性調査の結果、カルーセルがフリックされるかどうかは、その見出しの文字サイズの大きさに影響されることがわかりました。

3

8

「クーポン」タブ

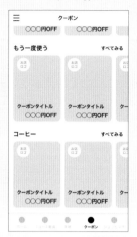
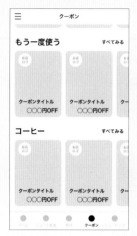

パターンA　　　　　　　パターンB

　上の2つのパターンを見ての通り、パターンBはパターンAよりも、見出しの文字サイズが大きくなっています。パターンAのユーザーは、表示されている画像に興味が湧かない限りカルーセルをフリックしませんでしたが、パターンBのユーザーは、表示されている画像に興味がなくても見出しに興味が湧けばフリックしてくれました。

　たとえば「○○を買った人にオススメ」と書いてあったとして、表示された画像には興味がなくても「○○」に興味があれば、続きを見てみようという意識が働くようです。

　最終的な文字サイズは、デザインをする時の調整となりますが、ワイヤーフレームの段階からそのことを意識して設計していきます。

 自分たちなりのノウハウの蓄積

　紹介した『「すべてみる」「もっとみる」ボタンの配置』や「カルーセルのフリック率を上げる」などのTipsは、過去に私たちが経験した定性調査によるものです。こういったTipsは、実際にアプリを運営しないと気づけないものです。

　アプリをリリースしたら、定性調査やデータ分析をしながら、ぜひ自分たちなりのノウハウを蓄積して、次に活かしていきましょう。

　また、アプリの種類や利用者層によっては、別の結果が出る可能性も

あります。なんでもかんでも過去の経験を活かすのではなく、適用することに意味があるかを一つひとつ判断をしながら、検討を行っていきます。

クーポンの表示

ユーザーの思考の整理

「クーポン」タブで、ユーザーが気になったクーポンや使いたいクーポンをタップすると、クーポンを表示する画面に遷移します。この時のユーザーの思考を想像すると、この画面に来た時点で何のクーポンかは、ユーザーは理解しているはずです。

この画面の役割を決める

クーポンは、お店の店員の方に提示して初めて利用できます。クーポンの種類にもよりますが、一度表示すると使えなくなってしまったり、店員の方に利用済みボタンをタップしてもらうことで利用が完了したりと、クーポンによって使い方はさまざまです。

よって、いきなりクーポンを利用する画面を表示するのではなく、その前ステップとしてクーポンの内容を示すことがこの画面の役割です。

メイン導線を目立たせる

この画面では、メインの導線となる「クーポンを使う」というボタンが目立つように設計します。

クーポンを表示する際に表示しなければいけない有効期限やご利用条件は、ボタンのすぐ下に表示します。さらにその下に、そのクーポンが使える周辺のお店を知りたいと思ったユーザー向けに、地図上にそのお店が表示されるボタンを設置します。利用率は低いことを想定するため、表現は抑え目にします。

「ショッピング」タブの目的と狙いを決める

下タブの最後となるショッピングです。

この「ショッピング」タブは、「クーポン」タブと大きく違います。「クーポン」タブは、そのタブ内で完結をしますが、「ショッピング」タブは、買い物カゴや決済などの目的を達成するために必要な機能が多くあり、それをすべてこのアプリに盛り込むのは現実的ではありません。

よって、このタブの目的は、イントロダクションの「My Channelのサービスとの連携」で記載したように、「My Channelのサービス（ショッピングサイト）」へ送客することとします。そのために、この画面内では、多角的にユーザーに商品を見せて、どれか1つでいいのでユーザーの興味を引くことを狙いとします。

WebViewを使いアプリから離脱させない

この画面で何かをタップすると、WebViewでその続きを表示し、その中でブラウジングをしてもらい、お買い物してもらうことを前提とします。この画面自体も、運用しやすいようにWebViewで表示することを検討してもいいかもしれません。

ユーザーの興味を引きそうな商品を表示する

キャンペーン情報、最近閲覧した商品、ランキング、セール情報などを表示して、ユーザーの興味を引く商品や情報が1つでもあることを狙っていきます。

My Channel と連携する

　ログインをしてくれたユーザーには、ユーザーの購入履歴に応じて「もう一度買う」や、EC サイトと連動した買い物カゴなど、My Channel の Web サイトとの連携を強化していきます。

 カルーセルのバナーは、なかなかフリックしてもらえない

　「ショッピング」タブの一番上のキャンペーンバナーのようなタイプだと特に顕著に結果に表れますが、カルーセルは、過去の経験上、2枚目以降のクリック率が極端に落ちます。それだけユーザーにフリックして表示してもらうことは大きなハードルです。

　そのため、次のバナーを見えるようにしたり、自動的に切り替わるようにして、興味を引く工夫が大切になってきます。

3

9

「ショッピング」タブ

3 10 周辺の画面

　主要なUIができたので、まだ定義していない周辺の画面を作っていきます。これまで作った画面との連携を意識しながら、必要に応じてこれまで作った画面の調整も同時に行っていきます。

ドロワー

　ドロワー（drawer）は、元々は「引き出し」という意味があります。つまり、便利な道具や大切なものを入れておく場所です。このニュースアプリでも、下タブの各画面に表示するほどでもない機能や情報、リンクなどを設置していきます。

ログイン状態を表示する

　ドロワーには、ログインしている場合は、そのユーザー名を表示します。

　ログインしていない場合は、ログインや新規登録への導線を用意します。

未ログインの時の表示

自分に関連する導線を優先して表示する

　情報を並べる時は、ユーザーと情報との距離感を意識すると、スムーズに並び順を決めることができます。今回の場合は、自分の情報＞アプリの情報＞他の My Channel の情報の順番で並べていきます。

　まずは、ブックマーク・設定などの自分に関連する機能への導線を設置します。次に、このアプリのヘルプへの導線を設置します。最後に、My Chan

144

nelの他のサービスの紹介と誘導を目的として、リンク集を設置します。さらにその下には、アプリの情報ではあるもののメインの情報ではない義務的に掲載するものを表示します。アプリとして掲載が必要な利用規約や、アプリ内で利用されている第三者が権利を持っている技術とコンテンツのライセンスの表記を表示する画面への導線を設置します。

アプリ内で表示する画面はフルモーダルで遷移

　ブックマーク、設定、ヘルプ、利用規約、ライセンスについてはタップすると、フルモーダルでその画面が表示されることを想定しています（ヘルプ・利用規約・ライセンスは、今回は定義を省略します）。My Channelの他のサービスへの導線をタップすると、SafariやChromeなどのブラウザアプリに遷移します。

ブックマーク

ブックマーク機能の定義

　ドロワーから遷移できるブックマーク画面を定義していきます。アプリ内でブックマークできるものは、記事と動画です。
　基本的には、ブックマークしたものを探す時は、最近ブックマークしたものから順番に表示されたほうがユーザーにとって探しやすいと想定して、保存された記事と動画は分けずにまとめて表示します。また、キーワードで検索できるようにすることで、いざという時の利便性を向上させます。

ブックマークがない時は説明画面として活用

　まだブックマークがない時は、ブックマーク機能の説明や方法を画面に表示することで、ブックマーク機能の利用を促進していきます。

ブックマークあり

ブックマークなし

ブックマークの整理

　ナビゲーションバーの右の「編集」ボタンをタップすると、削除モードに切り替わります。

　削除したい項目を選択して、「削除する」ボタンを押すことで、不要なブックマークをまとめて削除できます。また、削除すると、ブックマークからは完全に消えてしまうので、ダイアログを表示してユーザーに確認します。

STEP1　　　　　　　　　　STEP2　　　　　　　　　　STEP3

何かを削除する時に、本当に削除していいかをダイアログを表示して、ユーザーに確認するケースとしないケースがあります。

ダイアログを表示する時は「データや状態をもう二度と復活できない」という破壊的なアクションを実施する時と、「大量に一気に削除することで、復活させるにはユーザーの負荷が大きい」時などが挙げられます。ダイアログを直前に表示することで誤った操作を事前に防ぎ、誤って消してしまったことによって大きなネガティブな感情を抱くことを防ぎます。

他の下タブやコンテンツへの誘導

バッジや吹き出しで目立たせて誘導する

アプリ全体を回遊してもらうことを主な目的としてバッジ／ラベル／吹き出しなどを活用して、下タブの他のタブへの誘導を行います。

また、先ほど定義したブックマーク機能と連動して、新しくブックマークをした場合は、ドロワーにバッジをつけて、ブックマークの保存場所を伝えていきます。

TIPS　バッジなどを使って、
他のタブやコンテンツへ効果的に誘導

多くのアプリにおいて、最初に開かれるタブ以外は、極端にアクセス率が下がることが多いです。場合によっては、最初に開かれたタブから、それ以外のタブにユーザーが移動するのは、全体の10％程度というケースもあります。そのため、バッジやラベル、吹き出しなどを活用して、アプリ内の回遊を促進していきます。過去の経験では、新着ラベルをつ

けたタブへのアクセス数が2〜3倍になったケースやアイコンをアニメーションさせることでアクセスが5倍近く増えたケースもあれば、ほとんど変化がなかったケースもありました。サービスやコンテンツの特性によって効果は変わるので、試してみましょう。

お知らせ

重要なお知らせの掲載

サービスを運営していると、どうしてもユーザーにお知らせをしないといけない情報が発生することがあります。こういったお知らせはサーバー上で管理し、いざという時にすぐに表示できるように設計します。

表示されるお知らせは、ポジティブな情報だけではなく、ネガティブな情報であることが多いです。たとえば、「一定期間メンテナンスでアプリが利用できなくなる」「アプリで不具合が発生したお詫び」、場合によっては「アプリ終了のお知らせ」などの、表示することが実質的に義務となる情報です。こういったお知らせは、必ず一度は目を通してほしいので、目に入る場所に設置を行います。

お知らせがタップされると、WebViewでそのお知らせが掲載されているWebページを表示します。

お知らせは非表示にできるようにする

一度見てくれたらお知らせを、ユーザーに非表示にされても構わないので、「×」ボタンをつけておきます（ずっと表示したいお知らせのケースは、「×」ボタンを表示しない設定もサーバー上でできるように設計します）。

Pull-to-Refresh

「Pull-to-Refresh」とは

　アプリで表示中の画面を更新して最新の情報を表示させるために、画面の更新機能を設置します。更新ボタンを設置する方法と、画面を引っ張って離すことで更新される「Pull-to-Refresh」という方法があります。本アプリでは、「Pull-to-Refresh」を採用します。「Pull-to-Refresh」は、標準の機能として用意されているので、わざわざ検討をせずにそのまま実装を行ったほうが効率的です。よって、今回はそのまま利用して実装します。

　情報が正常に更新されると、画面の表示が切り替わるのでユーザーは正常に情報が更新されたことを認識できますが、インターネットの接続環境が悪いなどの理由で正常に更新ができなかった場合は、画面下部に一時的にメッセージを表示してそのことを伝えるようにします。

WebView

アプリ内の簡易ブラウザ

　アプリ内で、Webページを表示するために簡易的なブラウザを用意します。
　画面の下部に、ブラウジングのために必要な最低限の機能を用意します。ナビゲーションバーには、WebページのHTMLで定義されている「タイトル」を表示します。さらに、サイトのURLも表示することで変なサイトに遷移していないことを示し、ユーザーが安心感を得られるようにします。Webページが読み込み中の場合は、その進捗具合をナビゲーションバーの下のバーで表現をすることにしました。
　また、圏外の時の表示も定義します。

通常時	読み込み失敗時

画面のローディング

待ち時間を短く感じてもらう演出

　アプリが起動した瞬間は、アプリ上に前回起動していた時の表示内容（キャッシュ）を保持していないこともあるので、データが正常に取得されるまで何も表示するものがありません。何も表示しないと、一時的に真っ白な画面が表示されてしまい待ち時間を長く感じてしまいます。

　よって、画面を読み込み中の場合はローディングのアニメーションを表示します。次のような「一般的なローディング」でももちろんダメではないですが、現在増えている表現が右の「スケルトンスクリーン」という表現です。SNS系のアプリで採用されて広まった方法ですが、読み込み後に表示される画面の骨格を抽象的に表現し、グラデーションのカラーアニメーションを行うことで、読み込み中であることを表現します。スケルトンスクリーンのほうが体感速度は速く感じるので、本アプリではスケルトンスクリーンを採用することにします。

一般的なローディング　　　　　スケルトンスクリーン

TIPS
待機時間に工夫をする

　多くのアプリにおいて、画面が表示されるまで一定の時間が必要となることを前提に設計する必要があります。開発チームが素晴らしい実装をしてくれたとしても、実装が原因ではないインターネットの接続環境によって読み込みに時間がかかるケースがどうしてもあります。

　待機時間が長いと当然ユーザーはストレス感じ、アプリの離脱につながっていきます。そのため、待機時間を長いと感じさせない工夫をアニメーションなどの表現で行っていく必要があります。ゲームのアプリなどでは、読み込み中の画面にゲームのTipsを表示していることが多くあります。

TIPS
ドハティのしきい値

　待機時間は、何秒以内に収めることをゴールとするべきなのか。当然早ければ早いほうがいいのですが、その指標となる数値を紹介します。

　1982年に、当時IBMの社員だったウォルター・J・ドハティとアラビンド・J・タダーニによって「システムの応答時間を0.4秒以内にすることで、ユーザーは高い生産性を発揮する」と提唱されました（その前までは、2秒以内が提唱されていました）。つまり、0.4秒以上、表示まで

に時間がかかってしまうと、ユーザーの生産性に悪影響を及ぼし、その
アプリへの興味や期待が失われていく可能性が出てくるとされています。

　私たちは、この0.4秒の壁を突破すべくシステムの設計やチューニン
グを行っていく必要があります。最近のアプリは、表示のレスポンスが
遅いと使われなくなってしまうことが多いので、実態としては0.4秒よ
りももっと早く表示をしていく必要があるかもしれません。

ストア評価への誘導

アプリのストア上でポジティブな評価を集める

　アプリのストアでは、アプリごとにユーザーによる評価が公開されていま
す。アプリ上で、ストア評価のダイアログを表示してユーザーに評価しても
らうこともできるので、その評価を集めるタイミングを定義します。表示す
る理由や制限についてはこの後のTipsで説明しますが、いい評価を集める
ためには、アプリにポジティブな感情を持っているユーザーを狙って、評価
ダイアログを表示します。

評価ダイアログ

iOS（例：dmenu スポーツ）　　　　Android（例：ChatGPT）

今回は、「アプリを一定回数以上、使ってくれているユーザー」をポジティブな感情を持っているユーザーとして定義します。

そして、次の条件でユーザーがアプリを起動した時に、そのユーザーはポジティブな感情をアプリに持っているとみなし、「ホーム」タブで評価ダイアログが表示されるようにします。また、評価ダイアログを表示しても評価してくれなかったユーザー向けに、2回目以降の評価ダイアログの表示タイミングも決めておきます。

UI iOS

初回	2回目	3回目
通算3回目の起動時	通算10回目の起動時	通算20回目の起動時

UI Android

初回	翌月以降
初回起動から 通算3回目の起動時	3カ月に1度、 その月の初回起動時

TIPS　いい評価を集める

iOSもAndroidも、アプリは専用のストアからダウンロードすることで初めて利用ができるようになります。各アプリは、ユーザーから評価される仕組みになっており、5段階の★で評価され、3.5、4.2などとその平均値がそのアプリの評価として掲載されます。多くの場合は、その数値をユーザーが見てアプリをインストールするかどうかの意思決定を行います。

ユーザーがアプリを評価する方法は大きく2つあります。

- ストアにユーザーがアクセスして評価する
- アプリ上に評価ダイアログが表示されてユーザーが評価する

前者のストア経由での評価がされるのは、多くの場合、それは「使ってよかった！」とポジティブに感じた時ではなく、何かネガティブな事

象があった時です。ストアの評価とコメント機能は、ユーザーとアプリ提供者とのコミュニケーションの場としても利用されているため、そういったコメントが集まりやすくなっています。

　よって、何もしないとネガティブな評価だけが集まりやすくなり、ストアの評価が落ちていきます。ただ、ユーザー全体で見てみると実際はネガティブに感じている方は少数であることが多く、大多数の方はアプリに満足してくれていることが多いです。よって、そのポジティブな声を適切に集めることで、ストアの評価を上げられます。そこで活用するのが、アプリ上で表示できる後者の評価ダイアログです。

　この評価ダイアログには、表示上の制約があり、iOSは1年間で3回まで、Androidは明確に公開されていませんが目安としては1カ月間で一度まで、という制約があります（その期間を過ぎるとリセットされるため、また表示できるようになります。一度ユーザーが評価するとそのユーザーには原則として二度と表示されません）。

　問題は、いつこれを表示するかです。当然、アプリをインストールした直後に表示してもユーザーは評価のしようがありません。このダイアログを表示するタイミングとしては、ユーザーがアプリに対してポジティブな感情を持ち始めた／持った時に表示するように設計します。たとえば、一定回数以上アプリを利用している人はアプリに満足している可能性が高い（使い勝手が悪いアプリは、代替となるアプリがあればすぐに使われなくなる）といった仮説や、ユーザーが目的を達成した（例：購入を完了した）時に満足感を得ているといった仮説をもとに、表示タイミングを設計していきます。

　私たちの過去の経験上、この表示タイミングをしっかりと設計したアプリの評価は大体4.1〜4.6程度になります。ストア評価ダイアログの導入前と後の比較ですと、次のような結果になったことがあります。

　4カ月で1,000件以上のいい評価を集め、評価を2ポイント近くアップさせたことになります。

　ストアの評価が悪くて悩んでいる方は、ぜひ試してみてください。

3-11 設定画面

設定画面は、情報のグルーピングと 優先順位づけを強く意識する

　基本的な画面の定義が終わったので、それらを管理する設定画面を作って いきます。すでに定義した設定画面もあるので、再利用しながら整理してい きます。設定画面は、その人の情報設計能力が最も表に出てくる画面の1つ です。情報のグルーピングや優先順位づけを正しく行い、きれいに作ること を心がけます。

設定メニュー

アクセスが多そうなメニューを上に設置

　ドロワーの「設定」をタップすると設定の最初 の画面が表示されます。

　まず、3-1の「設定機能の構造」で定義した設 定グループを、さらにカテゴリ分けします。今回 は、「通知」「ホーム」「興味」「表示」「認証」の 5つのカテゴリに分けます。次に、想定するアク セス量や情報の質などをもとに各グループの表示 の優先順位を決めます。

　最後に、各グループ内の設定項目の優先順位を 決めて設定項目を並べます。

設定状態を表示する

　また、ユーザーが設定した値を表示できるものは画面上に表示して、現在 どういう設定がされているのか（例：「受け取る」「東京都港区」など）、も しくは、まだ設定していないのか（例：「未設定」「ログインする」など）が わかるようにします。未設定の項目は、設定してもらったほうがユーザーに とってより価値のある情報（パーソナライズ化された占いの結果やニュース

の一覧など）が表示できるので、赤字などにして少し目立たせます。

PUSH通知の設定

「PUSH通知」は、アプリにおいてユーザーに継続的に利用してもらうための重要な機能です。この機能は、アプリの最大の特徴の1つと言えます。

PUSH通知の種類を定義する

今回のニュースアプリでは、「速報が届く通知」「朝・昼・夕方のタイミングでその時の主要ニュースが届く通知」「キャンペーンなどの情報が届く通知」の大きく3種類を配信します。

PUSH通知を送るにはユーザーから2つの許諾がいる

PUSH通知の設定については、2段階の許諾をユーザーにしてもらうことを理解する必要があります。

1つ目は、「OSレベルでの許諾」です。これは、アプリを利用していると表示されるPUSH通知の許可を促すダイアログを指します。このダイアログで許可されないと、アプリの設定画面でいくらONにしても、PUSH通知がユーザーに届きません。許諾をとるタイミングについては、後ほど、3-13「初回の起動フロー」で整理します。

2つ目は、「アプリ内での許諾」です。アプリの画面内で、トグルスイッチなどでPUSH通知をONにしてもらう必要があります（アプリによっては、端末の設定画面で完結するケースもあります）。

OSレベルで許諾されていない場合への対応

通常の状態とは別に、OSレベルで許諾されていないケースに対する対応も行います。OSレベルで許諾されていないケースは、その旨を表示して、端末の設定画面へ誘導して許諾してもらうように促します。

PUSH通知は、継続的にユーザーに利用してもらうための重要な機能なので丁寧に設計します。

通常 　　　　　　　　　OS レベルで許諾されていない

(参考)「OS レベルの許諾」を管理する端末のニュースアプリの設定画面

PUSH通知によるユーザーの利用を促す

　PUSH通知は、アプリを継続的に利用してもらうための最も重要な機能の1つです。自分自身のことを振り返ってみると、ほとんどPUSH通知経由で立ち上げるアプリもあるのではないでしょうか。

　PUSH通知を設計する時は、当然のその通知内容（見出し・本文・画像の有無など）とタイミングを設定しますが、それ以外にも設定すべき内容があるので紹介します。

バッジの有無・カウント方法

　バッジとは、端末のホーム画面上のアプリアイコンの右上に表示される赤い丸のことを指します。SNSのメッセージやお知らせなどが届くと、このバッジが1、2などと表示されていきます。このバッジを表示するかしないのか、表示するのであればどのような表示ルールにするのかは、アプリの設計に委ねられています。

　iOSもAndroidもバッジに数字を表示することができますが（Androidでは数字を表示できない端末があります）、Androidの場合は数字なしのバッジも選ぶことができます。バッジに数字を表示する場合は、iOSはカウントアップするタイミングを通知ごとに設計することができます。たとえば、朝・昼・夜のニュースの通知があるとカウントアップするが、キャンペーンの通知ではしない、といったことも可能です。

数字のバッジ(iOS／Android)　　　　**数字なしのバッジ**（Androidのみ）

通知とバッジを消すタイミング

　通知センターに蓄積されていく通知を消すタイミングも設計することができます。届いた通知をタップするとアプリが起動しますが、そのタイミングでその通知だけ消すのか、他のこのアプリの通知もまとめて消すのかを設定することできます。また、アプリの起動時に通知をまとめて消すこともできます。

　iOSの場合、バッジを消すタイミングや数字をカウントダウンするタ

イミングを設定できます。

　アプリの特性によって、これらのタイミングを正しく設計することで、より使い勝手のいいアプリになっていきます。たとえば、ニュースアプリのように情報を届けるようなアプリであれば、ある通知をタップした時に他の通知が消えてしまうと、後から見ようと思っていた通知の情報を見られなくなってしまい、ユーザーにとっては不便さを感じることになり、アプリにとっても機会損失となります。

ニュースタブの編集

　この画面は、3-4「上タブの編集機能」で定義した画面で、「ホーム」タブから遷移できるようにしていました。

　設定画面からも遷移できるようにして、ユーザーが迷った時に、どちらからでもアクセスができるようにしておきます。

〈 戻る　　ニュースのタブの編集
☰ 長押しで並び替え
トップ
✓ 注目　　　　　　　　　　☰
✓ 国内　　　　　　　　　　☰
✓ 政治　　　　　　　　　　☰
✓ 経済　　　　　　　　　　☰
✓ 国際　　　　　　　　　　☰
✓ スポーツ　　　　　　　　☰
✓ テクノロジー　　　　　　☰
✓ エンタメ　　　　　　　　☰
✓ 科学　　　　　　　　　　☰

占いの生年月日の設定

　今回利用する占いは星座占いです。そのために誕生日を設定してもらう必要があります。誕生日は個人に関わる情報なので、利用用途をきちんと記載して設定を促します。

※ユーザーがログインしている場合は、すでに設定されているアカウント情報が自動的に反映されている想定です。

設定済み　　　　　　　　　　　　　未設定

〈 戻る　　占いの生年月日の設定
生年月日を設定すると、毎日の星座占いの結果がホーム画面に表示されます
2006年10月30日

〈 戻る　　占いの生年月日の設定
生年月日を設定すると、毎日の星座占いの結果がホーム画面に表示されます
一年一月一日

生年月日の選択とデフォルト値

誕生日の設定は、iOSの場合はドラムロールで行います。

未設定の時に、このドラムロールが表示される際は、必ずドラムロールのデフォルト値を設定するようにします。ユーザーが自分の誕生日を選択しやすいように、このアプリの利用者の平均年齢などをデフォルト値として選択されるようにします。

今回の場合は、30歳をデフォルト値にするので、自動的に現在の西暦から30年を引いた年が初期段階では選択されるようにします。

天気のエリアの設定

占いの時と同じように、利用用途を記載してお住まいのエリアの設定を促します。

※ユーザーがログインしている場合は、すでに設定されているアカウント情報が自動的に反映されている想定です。

設定済み

< 戻る　　天気のエリアの設定

お住まいのエリアを設定すると、ホーム画面にそのエリアの天気が表示されます

東京都港区

未設定

< 戻る　　天気のエリアの設定

お住まいのエリアを設定すると、ホーム画面にそのエリアの天気が表示されます

設定する

徐々に絞り込む

　天気のエリアは、お住まいの都道府県と市区町村を設定してもらうことがゴールです。

　47の都道府県のリストから、自分のお住まいの都道府県を選ぶのは時間がかかるので、その前に北海道／東北／関東甲信越などのエリアを選択してもらうことで都道府県の候補が絞り込まれ、ユーザーは素早く選択できるようになります。

　よって、「エリアの選択」→「都道府県の選択」→「市区町村の選択」と画面を分けて遷移してもらい、最後に市区町村を選択したら、もとの「天気のエリアの設定」画面に戻ります（「エリアの選択」以降の画面は、定義を省略します）。

興味の編集

　この画面は、3-7の「表示するメディアの管理」で定義した画面で、「興味」タブから遷移できるようにしていました。

　この画面も設定画面から遷移できるようにしておきます。

文字サイズの設定

50代〜60代のターゲット層を意識した機能

　イントロダクションの「ユーザー調査」でも記載をしましたが、50代〜60代の方にニーズが高かった「文字サイズの拡大」をするための設定です。

　ダミーの記事を表示して、「小」「中」「大」「特大」や「通常」「太い」を選択すると、表示中のダミーの記事の文字が変わりシミュレーションできるようにします。

　こういった実際の変化を見ないと自分の選択が正しいか判断できない機能は、その場でフィードバックを表示して、ユーザーが正しい選択ができるようにします。

TIPS 文字サイズの設定

　年齢などによって眼の見え方というのは人それぞれで、一定の年齢を超えると老眼となる方も多くいます。そういった方向けに、iOSもAndroidも、OSの設定で文字サイズや文字の太さを変更できるようになっています。

　本来であれば、この設定をアプリ側でも反映して、表示を変更することがユーザーにとってはベストです。ただ、実際のアプリを見てみると、そうはなっていないアプリが多くあります。

　これは、文字サイズが変更されることによってアプリのレイアウトが崩れてしまい、それに対応するための開発コストが上がるためです。

　よって、実際の開発現場では、OSの文字サイズの設定はアプリに反映しないようにするケースや、文字サイズはアプリ内で変更できるもののその設定が反映されるのは一部のみ（例：記事の詳細画面のみ）と限定的にするケースが多いです。

　開発プロセスでは、通常の文字サイズの表示だけでも、さまざまな解像度の端末で正常に表示されるように対応を行っています。さらに、文字サイズの変更にも対応するとなると、開発コストも運用コストも上がってしまうので、対応するかどうかはアプリごとに判断しましょう。

ダークモードの設定

ダークモードとは

　画面全体を、黒を基調としたデザインテーマに変更することを「ダークモード」と言います。

　ダークモードは、目への負担を軽減したり、バッテリーの節約といった効果があると言われており、この数年間で対応するアプリは増加傾向にあると感じています。夜になると、自動的にダークモードになる設定になる方も多くいるはずです。

ライトモード　　　　　　　　　　ダークモード

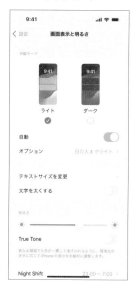 

ユーザーによる選択

　ダークモードは、ユーザーによって好みが分かれており、コンテンツを見るアプリは、ずっとダークモードがいいという方もいます（実際に動画系のアプリは、最初から暗いデザインが多いです）。

　そこで、今回のニュースアプリでは、基本的には端末の設定に沿うものの、常時ラ

イトモード／ダークモードという設定もできるようにします。

アカウントの設定

アカウントの新規登録や設定は My Channel の Web サイトで行う

　最後は、アカウントの設定です。今回の My Channel のアカウントの新規登録や設定については、すでにある My Channel の Web サイトで行うことを想定しています。

　そのため、アプリからは、ログインや新規登録、アカウントの設定についてはWebViewで表示されることを想定します。

退会導線の設置

　また、現在iOSではアカウント機能を有するアプリについては、退会（アカウントを削除）するための導線がないとアプリが公開できないため、そのための導線を設置します。

ログイン時・未ログイン時でそれぞれ役割を分ける

　ログイン済みの場合は、どのアカウントでログインされているのかがすぐにわかるようにユーザー名とメールアドレスを表示し、未ログインの場合は、ログインするメリットを伝えることで、ログインを促します。

3 12 通常の起動フロー

　ほとんどの画面の定義が終わったので、次にアプリを起動した時の動作を定義していきます。

通常の起動フローと初回の起動フローは分けて定義する

　アプリの起動フローは、初回起動時のフローとそれ以降の通常の起動時のフローがあるので分けて定義していきます。初回で出さないといけないものと、それ以降でいいものを分けて検討を行っていくことで、ユーザーにとって使いやすくなっていきます。

スプラッシュ画面

スプラッシュ画面を表示している間に サーバーから情報を取得する

　アプリの起動時に1秒弱表示される画面をスプラッシュ画面と言います。スプラッシュ画面は、アプリの技術的な制約上、必ず表示しなければいけない画面ですが、主にはそのアプリのブランディングを強化するために利用したり、スプラッシュ画面の表示中にバックグラウンドで必要なデータの取得を行うことで、ユーザーの待機時間を短く感じさせることがその役割です。

ログイン誘導

ログインするユーザーのメリットを整理する

　このニュースアプリは、ログインしなくても基本的な機能は利用することができます。初回フローを定義する時にあらためて解説しますが、初回フロー

はいかに早くユーザーが利用開始できるかを意識します。よって、ユーザーへのログインの誘導は、初回フローではしない代わりに通常の起動フローですることを考えていきます。

　ユーザーにログインをしてもらうことで、より最適な記事をユーザーに表示でき、満足度を上げられ継続的に使ってもらえると考えているので、アプリ側としてはログインを促していきます。

ログインを促すタイミングを設計する

　初回フローではログインへの誘導を出さないものの、たとえば2回目の起動のタイミングでログインを促すポップアップの画面を表示していきます。また、アカウントをまだ持っていない方向けに、アカウントを新規発行する画面への導線も設置します。

メリットとスキップ導線の表示

　ポップアップの画面を表示する際に、ログインするメリットも表示します。そして、ログインしたくない、もしくは、アカウントを作ることが面倒くさいと感じる方向けに「スキップする」ための導線（ポップアップを閉じる）を設置します。

背景に画面が見える方がネガティブな感情を抱きづらい

　この画面でポップアップ方式を選んでいるのは、ポップアップが最も背景の画面を表示できるためです。これは、ポップアップ画面の内容がユーザーにとって不要なものだったとしても、全画面やフルモーダルで表示するよりは、ユーザーがネガティブな感情を抱きづらいと想定しているためです。

キャンペーンの実施

目標を達成するための施策

　アプリの運営が始まると、キャンペーンを開催して利用を促進したり、My Channelが提供しているサービスへの入会を促進するなどして、ビジネ

スとしての目標を達成するためにさまざまな施策が実施されます。

施策のテンプレートの定義

　その施策をユーザーにお知らせするための画面のテンプレートを用意します。

　テンプレートを構成する要素は、次の4つです。

- ●画像
- ●タイトル
- ●本文
- ●ボタン（テキストとリンク先URL）

※ユーザーがボタンをタップすると、WebViewの画面でその
　URLを表示します。

　これらの4つの要素はすべて表示するのではなく、任意のものを組み合わせて画面を表示することを想定します。ただし、「閉じる」ボタンは内容にかかわらず強制的に表示されます。

　実際に作る時は、こういったキャンペーン情報をアプリに表示するためのWebツールもあるので、そういったツールの選定も併せて実施していきます。

ユーザーの情報を最新に保つ

ユーザーに最新の情報に更新してもらうことで意味のあるデータベースにする

　ユーザーは、時間が経過すると何かしらのパーソナルな変化が発生することがあります。

　たとえば、家族構成の変化や、住所／電話番号／メールアドレスの変更などです。こういった情報の変化をユーザーに提供してもらい、サービスのデータベースを更新することで、適切な情報をユーザーに届けたり、適切なサポートを行うことができます。よって、これらの情報を最新の内容

に保っていくことは運営者側にとってはとても大切なことです。

 最新化してもらうきっかけを作る

　情報を最新化してもらうきっかけを作るために、半年に一度、ユーザーの
アカウント情報や、天気の設定で利用しているユーザーにお住まいの場所を、
ハーフモーダルよりも少し小さいモーダルの画面でユーザーに確認します。
　情報が違う場合は「変更する」ボタンを押してもらい「天気のエリアの設
定」画面などをフルモーダルで表示するようにします。

TIPS **ユーザーの情報を適切に更新してもらうために**

　先ほどもお伝えしたように、ユーザーの情報を適切に更新してもらう
ことで、適切な情報をユーザーに届けたり、適切なサポートを行えます。
　といっても、ユーザーはなかなか更新してくれません。先ほどのよう
な画面は、SNSなどでメールアドレスや電話番号の更新の有無を聞かれ
る際に表示されることがあります。この画面のポイントは「現在の設定
値」を必ず表示することです。人は、自分の間違った情報が目の前に表
示されていたら気持ち悪いので、「更新しなきゃ」という心理が働きます。
その心理を利用して、ユーザーをそのまま変更導線に誘導します。
　私たちの過去の経験では、このモーダル画面を表示した結果、それま
での10倍近いユーザーが情報を更新してくれたという結果が出たこと
があります。

アプリを強制的にアップデートしてもらう

アプリを運営していると、どうしても、大きな問題が起きるケースや、大きな設計変更を行うケースが出てきます。その場合は、古いアプリをユーザーに利用されると、不具合が発生してしまうケースがあるため、アプリの利用を一度止めて、最新のアプリにストアでアップデートをしてから利用してもらう必要があります。

こういったケースを考慮して、ユーザーによるアプリのアップデートが必須になった場合は、サーバーからアプリに指示を出して、古いアプリを使っているユーザーに対してこの画面を表示し、必ずアプリをアップデートしてもらえるようにしていきます。

本来であれば、この画面は利用されないまま眠り続けることがベストです。

ワイヤーフレームとして、最後に検討するのは、初回の起動フローです。

アプリをインストールした直後となる初めてのアプリの起動の流れを検討していきます。スプラッシュ画面を表示した直後からの検討を行っていきます（今回は、初回のアプリ起動時に、利用規約を表示する必要性がないという前提で設計します）。

多くのユーザーは使い続けてくれない

初回の起動フローは特に大切なので、先にいくつかのTipsを解説してから、画面の設計を行います。

アプリをインストールしたユーザーのうち、翌日には7割以上が、1カ月後には9割以上が、もうアプリを利用していないというケースが多くあります。だからこそアプリに定着してもらうためのケアを行います。せっかくお金を使って広告などで獲得した新規のユーザーも、定着して使ってもわらなければ意味がありません。

アプリにおいて、初回の起動フローからアプリでの定着利用を含めたユーザーへの導入プロセスを「オンボーディング」と言います。チュートリアルやガイド表示などを適切に使ったり、アプリの利用に必要な情報をユーザーから取得していきます。

アプリ内で適切なオンボーディングを行うことで、ユーザーはアプリに対する利用意欲を高め、継続して利用してくれる可能性が高くなっていきます。

「離脱の防止」と「モチベーションの向上」を共存させながら設計していくことが大切です。

TIPS とにかく早くトップ画面を表示する

　アプリをインストールした直後は、ユーザーはアプリを早く使いたい／使ってみたいという気持ちでいます。そのために、最低限のステップでトップ画面に進めるようにしないと、ユーザーのそのポジティブな気持ちはどんどんと下がっていきます。

　初回フローでどうしても表示が必要な設定画面があった場合に、トップ画面に到達する前に設定画面を全画面で表示するのではなく、トップ画面にポップアップで表示してあげたほうがいい場合があります。ユーザーが初回フローのゴールとなるトップ画面にたどり着いていれば「もうすぐ使い始められる」という気持ちが湧きますが、全画面だと「まだ使えないのかな」と先が見えずに、途中でアプリを利用するためのモチベーションが下がってしまう場合があります。

　初回の起動フローにおいては、とにかく大事なことは「ユーザーを離脱させないこと」です。離脱されたらおしまいなので「モチベーションの向上」よりも大事です。

　一つひとつのフローが、本当に初回フローでやる必要があるかを検討して何を初回フローに表示し、何を初回フローが終わった後に表示するか、そして、それらをどういう表現で表示するかを決めていきます。

いつ使い始められるかわからない
全画面での表示

もうすぐ使えそうな
ポップアップでの表示

運営者側の思いとは裏腹に、ユーザーは想定外のところで離脱していきます。

　過去に、次のようなアプリの概要や使い方を伝える「ウォークスルー」を表示させていたところ、15%近いユーザーが、ここで離脱していることがわかりました。「なんて無駄なことをしたんだ！」と考え、すぐに撤廃しました（アプリによって、ひょっとしたら違う結果が出るかもしれないので、ぜひデータを分析してみてください）。

「ウォークスルー」の例

　初回フローでは「早くアプリを使いたい」というユーザーのモチベーションを邪魔しないことがとにかく大切です。

　初期設定についても同じです。今回のニュースアプリの場合は、ログインするユーザーのメリットもありますが、ログインしないと使えないアプリではありません。よって、初回フローからは外し、初回フローが終わった後に誘導する方法にしました。

　初回フローでユーザーに設定画面を表示することで、多くのユーザーは「面倒くさそう」と思うはずです。そう思われてもそれ以上の価値を生み出す設定かどうかを考えながら、初回フローで表示するかを決めていきます。

「コーチマーク」を使って
アプリの使い方をユーザーに習得してもらう

　初めて使うアプリは、使い方がわからない場合や、説明が必要な場合があります。運営者側は、つい最初になんでもかんでも説明しようとしますが、それは運営者側の都合で、ユーザーはそこまで一気に覚えてくれません。

　そういったガイドは、基本的にはその説明が必要なタイミングになったら表示する形がベストです。そのために、先ほどのウォークスルーを活用するケースがありますが、もう1つの代表的なガイドは、「コーチマーク」です。

　ユーザーの操作状況に応じて適切にガイドを表示することで、ユーザーは操作に迷って離脱することなく、継続して利用できるようになります（コーチマークについては、今回のニュースアプリで使いたいので後ほど定義します）。

「コーチマーク」の例

 PUSH通知の許諾のタイミングを
いつにするか設計をする

　アプリがWebサイトと大きく違うことは、スマホやタブレットへのPUSH通知の存在です（最近は、WebサイトからもPUSH通知が送れるようになりましたが、まだそこまで普及していません）。

　アプリの継続利用にとって大事なPUSH通知ですが、どこでユーザーに許諾を求めるかは非常に大切です。3-11の「PUSH通知の設定」でもお伝えしましたが、PUSH通知をユーザーに届けるには、OSレベルでの許諾が必要です。次のような表示を見たことがあるはずです。これは、OSが表示しているダイアログで、デザインの変更は不可能です。

　このダイアログの表示には、「一度しか表示できない」という大きな制約があります（Androidの場合は、「許可しない」を2回選択されたら以後表示できない）。つまり、「許可しない」をユーザーに選択されてしまうと、端末の設定画面で「許可する」にユーザーが変更しない限り、PUSH通知が送れなくなります。

　よって、このダイアログをいつ表示するかはとても大切です。一番ダメなケースは、アプリの初回起動の直後に何も考えずにこのダイアログを「そのまま」表示するケースです。まだ利用も開始していないため、通知を受け取りたいかどうかはユーザーは判断ができないので、許可してくれる可能性は大きく下がります。唯一のチャンスをそこで使い果たしてしまうのは、とても危険です。よって、アプリの初回起動の直後に、ユーザーから許諾をとりたい場合は少し工夫をする必要があります。今回のニュースアプリでは、「ニュース」という特性を活かしたPUSH通知はアプリの継続利用のためにとても有効なので、その工夫をして初回起動で表示する方法で設計します。

　ゲームなどの場合は、最初のチュートリアルが終わった直後、つまり、「継続的にゲームをプレイしてくれそうなユーザー」に対して、このダイアログが出るようにしているケースが多いと感じています。

PUSH通知の許諾

　今回のニュースアプリの初回フローでは、ログインへの誘導は行わなくなり、PUSH通知以外の設定についても初回フローで表示する必要性がないと判断されました。よって、初回フローで設定を求めるのは、PUSH通知だけになりました。

　3-11の「PUSH通知の設定」での検討の際に触れましたが、PUSH通知を配信するための許諾を、アプリはユーザーから得る必要があります。

　ニュースアプリの場合は少し特殊で、他のニュースアプリの経験があるためどういう通知が来るかは想像がしやすく、さらに、「ニュースを得たい」というモチベーションでユーザーはアプリをインストールするため、ニュースの通知を受け取ることに抵抗感がないと推測します。

　よって、初回の起動直後に PUSH 通知の許諾を得ることにしますが、いきなり OS の許諾のダイアログを表示せずに、アプリが用意したポップアップの画面を表示します。この「通知を受け取る」ボタンをタップしたユーザーに対してのみ、OSの許諾のダイアログを表示します。そうすることで、そのダイアログを表示したユーザーの100%に近いユーザーが「許可」を選択してくれるようになります。

　ポップアップの画面で「今はしない」と選択したユーザーは、まだOSの許諾ダイアログを表示していないので、またあらためてチャレンジしていきます。

　たとえば、1カ月後にあらためてこのポップアップを表示して、この「通知を受け取る」ボタンをタップしてくれるかを再度チャレンジしていきます。

> **TIPS** PUSH 通知以外の必要な機能も
> 許諾のタイミングをいつにするか設計をする
>
> 　PUSH通知以外にも、位置情報やカメラ、写真データへのアクセスなど、ユーザーの許可が必要な機能が多く存在します。これらも基本的にはPUSH通知と同じ考え方で、1度しかOSのダイアログが表示できないので、どのタイミングで許諾を取るかが大切です。基本的には、その機能が必要な時にユーザーから許諾を得るのがベストです。位置情報を使

いたい時、カメラを使いたい時、それぞれの機能の利用が必要になったタイミングでユーザーに許可を取ります。間違っても、アプリの初回の起動直後に表示することはやめましょう。何のために使われるかわからないのに、ユーザーは簡単に許可してくれません。

コーチマーク

コーチマークとは、先ほどTipsでも紹介した画面上の吹き出しなどを表示しながら、画面の操作を説明していくガイドを指します。

必要そうなコーチマークの種類と表現の検討

まず、今回必要そうなコーチマークをピックアップして整理していきます。

コーチマークは、ユーザーの操作を極力邪魔せずに表示することを前提としています。ユーザーがそのガイドに関する操作をしたり、不要だと思って「×」をタップしたら、そのガイドは消えます。

コーチマークを表示し、その機能をユーザーに利用してもらうことでユーザーの利便性や満足度の向上につながりそうな機能は、次の通りです。

Ⓐ フリックでのタブの切り替え　　　　　Ⓑ タブの編集

© 天気の設定

Ⓓ 文字サイズの変更

Ⓔ Pull-to-Refresh

コーチマークの優先順位を考える

Ⓐ～Ⓔのコーチマークのうち、「正しく設定してもらうこと」もしくは「操作方法を覚えてもらうこと」で、ニュースアプリへの満足度が上がりそうなものから並べていきます。

優先順位	項目	理由
1位	Ⓓ 文字サイズの変更	今回のターゲット層を考えると、そもそも見づらいとストレスなので、最初に聞いてあげたほうがその後のユーザー体験がよくなる
2位	Ⓒ 天気の設定	設定してもらうことで、ユーザーにアプリの利用の習慣化につながる有意義な情報を表示できる
3位	Ⓑ タブの編集	自分が興味のあるタブを優先的に並べてもらうことで、興味のある記事へたどり着きやすくなるが、しなくてもニュースをパーソナライズ化して表示できる
4位	Ⓐ フリックでのタブの切り替え	操作方法を覚えることで、より快適にアプリを利用してもらえるが、仮に覚えてもらえなくてもタブをタップすることでタブは切り替わるので問題ない
5位	Ⓔ Pull-to-Refresh	いざ（表示されている情報が古い）という時に利用してもらえればいいので、優先順位は低い

コーチマークの表示タイミングの設計

次に、表示タイミングを議論しながら決めていきます。また、ローンチ後は、どの設定や操作をしたユーザーが継続率が高いのかを分析して、優先順位や表示タイミングを改善していきます。

今回は、次の表示タイミングで各コーチマークを表示することになりました。

項目	表示タイミング
Ⓓ 文字サイズの変更	初回起動フローで、PUSH通知のポップアップが閉じた後
Ⓒ 天気の設定	初回起動フローで、「Ⓓ文字サイズ変更」のコーチマークが閉じた後
Ⓑ タブの編集	アプリの2回目の起動 ※わざわざ、初回の起動時に変えてもらうほどではない
Ⓐ フリックでのタブの切り替え	アプリの3回目の起動 ※一度の起動で、覚えてほしいのは1つまでにして、ユーザーの操作の邪魔を最低限にする
Ⓔ Pull-to-Refresh	アプリの4回目の起動

　画面で表示される文言はとても大切で、アプリのブランドや価値、ユーザビリティを決める大事な要素です。一通りの画面の設計を終えたら、最後にライティングを見直していきます。通常時も、例外系も、何度も徹底的に見直していきます。

　ライティングにおけるポイントをいくつか紹介します。

簡潔に書く

　なるべく短く記載できる表現を探し、ユーザーが素早く内容を理解できるようにします。特に文章が長くなってしまっている箇所を見つけたら、より端的に記載できる表現を探します。同じことを繰り返し何度も言わずに、シンプルに簡潔に書いていきます。

○

×

一貫してユーザー視点で書く

　これは、あくまでユーザーが利用するサービスです。ユーザーの視点に立った文言に統一することで、ユーザーは自分の立場からスムーズに内容を理解できます。

表現を統一する

　3-5で「ボタンは動詞にする」というTipsを紹介しましたが、そういった表現や、「です／ます」調などの文末の表現、年月日の表現（2024/03/07 or 2024/3/7 or 2024年3月7日）など、あらゆるところで同一の表現を使っているかを確認していきます。

　また、アプリ内の用語も、同じアクションのところはすべて同じ表現になっているかを確認していきます。アプリごとに単語帳を作る場合もあります。

専門用語は使わない

　スマホやITに詳しくない方も多くいます。そういった方に専門用語を使うと理解ができずに、操作や手続きがストップしたり、離脱してしまうケー

スがあります。

　たとえば、「スワイプ」という表現は一般的ではないので、「フリック」もしくは「スクロール」などと変えていきます。

　専門用語は極力使わずに、理解がしやすい代わりの言葉を探していきます。

句読点や「？」の利用

　句読点は、原則としてはつけていきますが、あえてつけないほうが見やすいケースは外してきます。

　たとえば、こちらのケースのように、中央揃えの場合に句点がないほうがバランスがよく見える場合は、「。」「、」を消していきます。

　また、ユーザーに何かを聞く時は、「〜ですか。」ではなく「〜ですか？」とあえて「？」を使ったほうが、「今、自分は質問されているから、アクションをする必要がある」ということを、感覚としてすぐに理解ができるので「？」をつけていきます。

○

現在インターネットに
接続できません

×

現在インターネットに、
接続できません。

○

削除してもよろしいですか？

×

削除してもよろしいですか。

目的の後にアクションを書く

　ユーザーの操作で達成できる目的を記載してから、続けて必要なアクションを記載することで、何をすべきかがユーザーにわかりやすく伝わります。

○

文字サイズを変更をするには、「設
定」ボタンをタップしてください。

×

「設定」ボタンをタップすると、文
字サイズの変更ができます。

UI

CHAPTER

4

ビジュアルデザイン

SCHEDULE

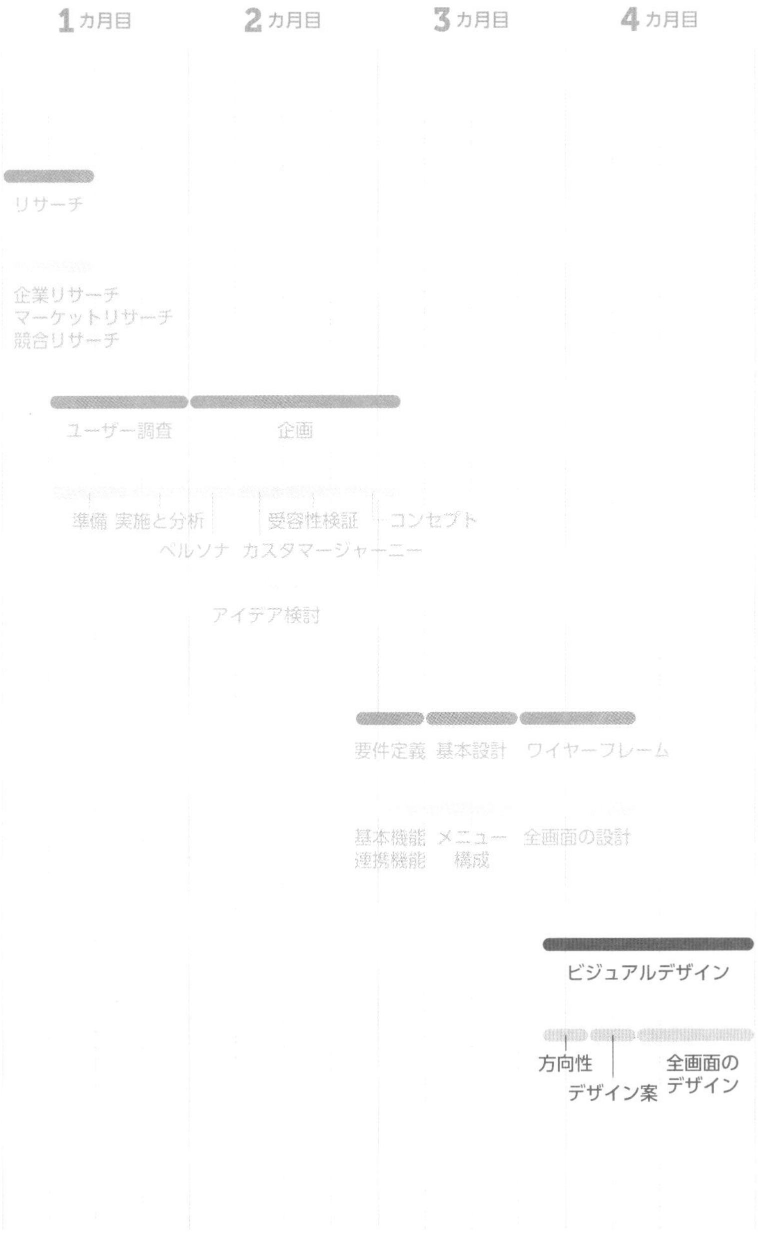

1カ月目　　　**2**カ月目　　　**3**カ月目　　　**4**カ月目

リサーチ

企業リサーチ
マーケットリサーチ
競合リサーチ

ユーザー調査　　　企画

準備 実施と分析　　受容性検証 ― コンセプト
ペルソナ カスタマージャーニー

アイデア検討

要件定義 基本設計　ワイヤーフレーム

基本機能 メニュー　全画面の設計
連携機能　構成

ビジュアルデザイン

方向性　　　全画面の
デザイン案　デザイン

　すべての画面のワイヤーフレームの定義が終わったので、UIのビジュアルデザインをしていきます。

デザイン要件の確認

　まず、UIのビジュアルデザインに向けた具体的な検討を進める前に、デザインをする際に達成すべき要件をこれまでの検討内容からピックアップします。

　イントロダクションの「ペルソナ」「コンセプト」「UI/UXの方針」の3つをあらためて振り返ります。これらの内容を頭の中に思い浮かべながら、デザインしていきます。

ux ペルソナ

20代～30代の 子育てしながら働く女性	50代～60代の 定年が近くなってきた男性
●効率よく時事ニュースを把握して、さらに興味のある情報に出会いたい ●気になった情報があれば、自分で深掘りする ●SNSでたまたま流れてきたニュースの記事や動画も気になると見てしまう	●時事ニュースとスポーツニュースが好き ●気になった情報があると人に教えることや、知った情報をもとに出かけることが多い ●テレビや新聞でもニュースを習慣的によく見ている

ux コンセプト

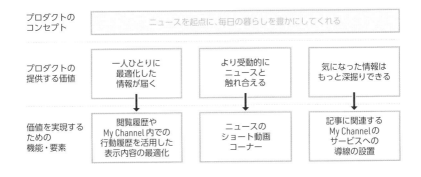

プロダクトの コンセプト	ニュースを起点に、毎日の暮らしを豊かにしてくれる		
プロダクトの 提供する価値	一人ひとりに 最適化した 情報が届く	より受動的に ニュースと 触れ合える	気になった情報は もっと深掘りできる
価値を実現する ための 機能・要素	閲覧履歴や My Channel内での 行動履歴を活用した 表示内容の最適化	ニュースの ショート動画 コーナー	記事に関連する My Channelの サービスへの 導線の設置

ux UI/UXの方針

若い層も
シニアの方も
見やすい・
使いやすい

「気になる」が
たくさんある

つい立ち上げ
たくなる

ワイヤーフレームの設計を
よりよくするのがビジュアルデザイン

　3章の「ワイヤーフレーム」でもUIを設計しながら検討する時のTipsをお伝えしてきましたが、UIをビジュアル化する時もさまざまな視点を持って

UIデザインを進めていきます。UIデザインの作業は、ワイヤーフレームを装飾する作業ではありません。ワイヤーフレームで示された設計の意図を理解して、それをビジュアルデザインとしてさらにその設計をよくする作業です。

どんなアプリでも実現しなければいけない4つのポイント

　ビジュアルデザインで大事なことを端的にまとめると、UIとしては最終的に次の4つを実現するための仕上げの重要な作業です。もし、これらが達成できていなければ、何度も見直して改善していきます。

　よって、よりいいUIになるのであれば、ライティングや配置なども変えてブラッシュアップしていきます。UIデザイナーは、ユーザーの感情や思考に寄り添うための演出としてのデザインと、ユーザーに直感的に操作してもらうためのデザインの2つのデザインを行っていきます。

テーマ	実現すべきこと	ポイント
設計	迷わない	目的の場所にスムーズにたどり着けてやりたい操作ができる
言葉・表現	わかりやすい	客観的に理解ができる
見た目	見やすい	視認しやすく目が疲れない
感情	気持ちよく利用できる	ネガティブな感情を抱かずに目的を完遂できる

美しいデザインを目指す

　UIデザイナーは、ユーザビリティを意識する以前に、見た目が美しいデザインを行う必要があります。それは、デザインが美しいとユーザビリティの問題に対してユーザーは寛容になると言われているからです。

　もちろん、最初からユーザビリティの高い設計にしなければいけませんが、ローンチ時から100点満点のUIで提供することは難しい場合が多く、ユーザーが使い始めてから気づく課題が多くあります。よって、ローンチ後も引き続きUIの改善を続けていくことが求められます。

美的ユーザビリティ効果

　日立デザインセンターの研究者だった黒須正明氏と鹿志村香氏が、ATMをテーマにUIの使いやすさと見た目の美しさの相関関係を研究し、その結果を1995年発表しました。その研究結果では、見た目の美しさが使いやすさの評価に影響していることがわかりました。つまり、見た目が美しいUIは、些細な問題があったとしてもユーザーは使いやすいと感じます。これを「美的ユーザビリティ効果」と言います。

　よって、UIデザイナーには、高いグラフィック能力と美的感性が求められます。

デザインの方向性を探る

　具体的にUIをビジュアル化する前に、その方向性を模索してデザインの準備をしていきます。

　今回のプロジェクトでは、すでにMy Channelというサービスが存在しています。通常であれば、既存のMy Channelのブランドに沿ってデザインを進めていきますが、ここでは具体的なプロセスを解説するために、ゼロから立ち上げるという設定でデザインを進めていきます。

　UIのデザインを検討していく場合にさまざまな方法がありますが、今回は、いきなりUIのビジュアル化はせずに、まずは、全体の方向性を探るための「ポジショニングマップ」と「ムードボード」を使って、方向性を絞り込んでいきます。

　このビジュアルデザインのプロセスは、すべてのワイヤーフレームの定義が終わってから行う場合（3章「ワイヤーフレーム」が完了した後）と、時間短縮のために基本設計が終わったタイミングで開始しワイヤーフレームの検討と並行して行う場合（2章「基本設計」が完了した後）があります。

ポジショニングマップの活用

競合他社と自分たちの位置を把握する

　はじめに、競合他社が現在どういうポジションにいるのかを客観的に把握します。その後、ニュースアプリのデザイン要件を踏まえて、私たちはどの位置にいるのかを確認していきます。

　今回は、競合他社として、代表的な10個のアプリをピックアップしました。

Yahoo!ニュース

SmartNews

グノシー

Googleニュース

ニュースパス

dmenuニュース

NewsPicks

NewsDigest

日本経済新聞 電子版

朝日新聞デジタル

では、2軸のマトリクスを作り、競合他社がそのマトリクス上のどの位置にいるのかを考えていきます。

それぞれのニュースアプリを見ていくと、大きく違うのはニュースのみを提供しているのか、それとも他のコンテンツや機能も提供しているのか、という部分が大きく異なっており、それがアプリの価値を決める大きな1つの要素と言えます。

今回は、私たちが作るニュースアプリでも内容が確定している「コンテンツ／機能」を横軸、これから検討する「デザイン」を縦軸として整理してみます。

まずは、代表的な10個のニュースアプリを縦軸は気にせずに「コンテンツ／機能」となる横軸に沿って配置していきます。提供している内容が「ニュースのみ」であれば左寄り、「多機能」であれば右寄りにプロットしていきます。

どこにプロットするかは、1人で行わずにプロジェクトチームで整理したほうが主観的になりすぎないので安心です。ちなみに、私たちが作るニュースアプリは、ニュース以外にもクーポンやショッピングなども提供するので、当然、右の「多機能寄り」になるので、そのエリアをグレーに塗ってきます。

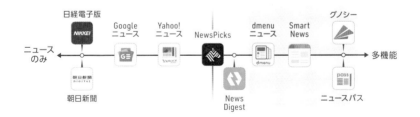

次のステップに移ります。

ポジショニングマップでは、横軸は変えずに、縦軸の切り口だけを変えてプロットしていくとわかりやすくなります。今回は、競合他社のアプリがどういう印象をユーザーに与えているのかを客観的に見ていくために、縦軸にいろいろなデザイン観点の軸を置き、各アプリをプロットする縦方向の位置だけを変更していきます。その上で、私たちのニュースアプリがどこのポジションになるのかを見ていきます。

「モダン」or「クラシック」

はじめに、UI のデザインが「モダン」か「クラシック」かという観点の縦軸でプロットします。今回作るアプリは新規なので、今の時代に合うようにモダンなデザインしたいので、そのエリアをグレーで塗っていきます。「モダン」×「多機能」が自分たちが作りたいデザインのエリアです。同じエリアに何のアプリがあるのかを確認しておきます。

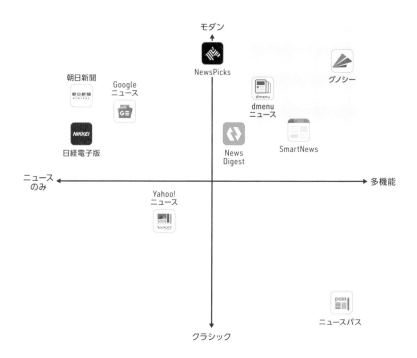

「大人向け」or「若々しい」

次に、UIのデザインがより「大人向け」なのか、それとも、より「若々しい」のかという観点の縦軸でプロットします。私たちは、20代～30代・50代～60代という幅広いゾーンをターゲットにしたいので、縦軸はどちらかに寄りすぎずに中央のエリアにいることが理想です。同じくそのエリアをグレーで塗ります。

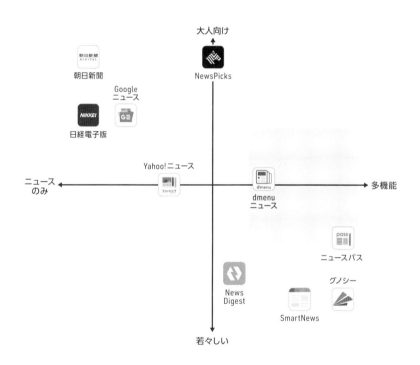

4

2

デザインの方向性

同じエリアにいる相手の確認

こうして2つのポジショニングマップを見てみると、dmenuニュースのみが被っていることがわかりました。今後デザインする時は、dmenuニュースに似すぎないようにすることを意識していきます。

ここからは、よりデザインに関わる項目を縦軸に入れて、何をデザインで目指すべきかを、プロジェクトメンバーとディスカッションをしていきます。

・
・
・
「シンプル」or「装飾豊か」

　今回、私たちが作るアプリは多機能で「気になるがたくさんある（UI/UX
の方針の1つ）」を実現することが求められます。そういった観点で議論し
ていくと、アプリを開くたびに新しい発見や出会いがある宝箱のような存在
にもなり得ると考えると、シンプルなデザインというよりも装飾豊かなデザ
インも可能性があるのではないか、という意見がありました。よって、「シ
ンプル」と「装飾豊か」という縦軸で整理します。

　自分たちは、どちらにするのかはまだ決めてはいないので、現段階では自
分たちがいる縦方向のエリア一帯を今度は青く塗ります。

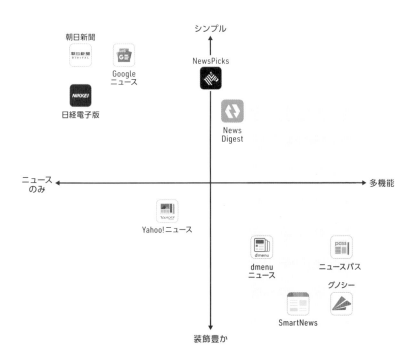

　最後に、アプリの色の印象をどうするのかを議論するために、全体の色の印象で縦軸を作ってみます。「暖色」「寒色」で配置します。

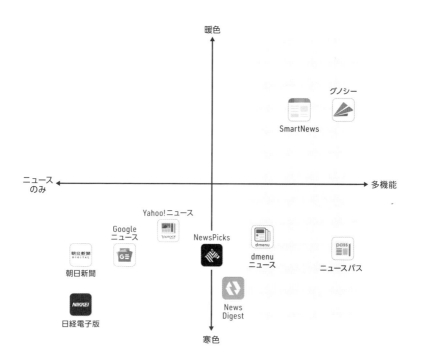

こうやって整理してみると、

- モダンなデザイン
- 幅広い年代に受け入れられるデザイン

という2点は私たちのデザイン要件として最初から加える必要があり、その上で

- シンプルにするか、装飾豊かにするか
- 寒色か、暖色にするか

という観点での検討が必要になってきます。

この時点で、大きな組み合わせとしては、次の4パターンの検討がありそうです。

Ⓐ シンプル×寒色
Ⓑ シンプル×暖色
Ⓒ 装飾豊か×暖色
Ⓓ 装飾豊か×寒色

さらに議論をしてパターンを絞り込む

デザインを制作する時は、いきなり1パターンだけ作ることはしません。いくつかのパターンを作って、比較しながらブラッシュアップしていきます。

今回も複数パターンを作りますが、そのパターンを絞り込むための議論をプロジェクトチームで行っていきます。今回の場合、「幅広い年代に受け入れられるデザイン」を考えると、「Ⓒ装飾豊か＋暖色」だと若々しくなりすぎる可能性があるのではないか、という議論がありました。さらに、コンセプトである「暮らしを豊かに」という言葉に対して「Ⓐシンプル＋寒色」だと、少し殺風景になりすぎるのではないかという議論があり、デザインの検討候補として進めるのは、次の2つ方向性となりました。

Ⓑ シンプル＋暖色
Ⓓ 装飾豊か＋寒色

POINT
プロジェクトのポイント
既存のニュースアプリをマトリクス上に配置し、このニュースアプリが目指すポジションや、検討すべき範囲を整理した結果、デザインの方向性としては、以下の2案で検討を進めることになりました。
●シンプル＋暖色
●装飾豊か＋寒色

UI/UX検討のポイント

● ポジショニングマップに、競合他社などをプロットすることで、俯瞰的に市場を確認できる

● 横軸に機能／コンテンツ、縦軸にデザインの観点を設置してみると、自分たちが目指したいポジションや検討すべき範囲が導き出しやすくなる

カラーの方向性

競合と被る表現をどうするか

　カラーの方向性を検討していきます。「シンプル＋暖色」「装飾豊か＋寒色」といってもまだ抽象的です。単に、暖色や寒色のカラーといっても、その色はさまざまです。

　まず、「装飾豊か」の方向性についてプロジェクトチーム内で議論し、ポジショニングが少し被る「グノシー」や「SmartNews」のようにカラフルな色づかいをすると、印象が似てしまう可能性が大きいのでその方向性以外で考えることにしました。

着想を得る

　UIのカラーは、アプリの内容やデザイン要件から着想を得ていきます。まずは、このアプリにとっての重要な切り口を見つけて、1つのキーワードにしていきます。

　今回は、この3つの切り口とします。

基本コンテンツの時事ニュース	「信頼度の高い情報」
「暮らしを豊かに」というコンセプト	「上向きな気持ち」
時事ニュース以外の特徴的な機能としての興味・クーポン・ショッピング	「個性豊か」

　そして、抽出された3つのキーワードから、どういうカラーがありえるのかを検討していきます。

　代表的なアプローチとしては、大きく2つあります。

　「色」には、人に特定の感情を引き起こしたり、何かを想像させる性質があります。たとえば、赤なら「情熱」「危険」、緑なら「自然」「安心」などです。その性質を活用して、デザインのキーワードから具体的なテーマカラーを決めていく、という方法です。

UI 色の持つイメージ

	レッド	情熱、力、活力、愛、危険
	オレンジ	元気、活気、温かさ、創造性
	イエロー	明るさ、幸せ、活力、知識、希望
	グリーン	自然、成長、安心、健康、繁栄
	ブルー	安定、冷静、信頼、知識、深さ
	パープル	神秘、贅沢、クリエイティブ、個性、ロイヤル
	ピンク	優しさ、愛情、若さ、女性らしさ、ロマンス
	水色	清潔感、穏やかさ、リラックス、海、空
	ブラック	強さ、シンプルさ、神秘、正体不明
	ホワイト	無垢さ、純粋さ、平和、清潔さ、シンプルさ
	グレー	中立性、調和、落ち着き、知性、控えめ
	ブラウン	自然、温かさ、土、安定感、信頼

② イメージスケールの活用

　色に対して人が抱くイメージは、国や文化によって異なりますが、日本の場合は多くの人のイメージが一致しやすいと言われています。配色と配色からイメージされる言葉をマッピングした「配色のイメージスケール」というものがあります（日本カラーデザイン研究所が開発）。このイメージスケールを活用して、デザインのキーワードから配色を選ぶ、という方法です。

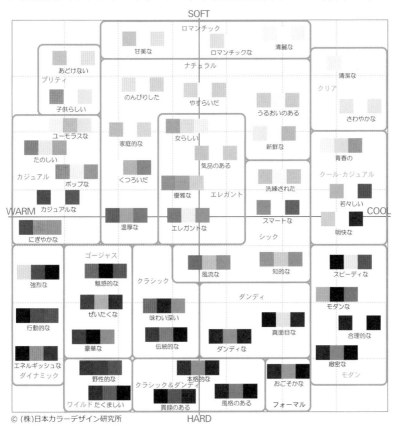

© (株)日本カラーデザイン研究所

出典：イメージスケールシステム「配色のイメージスケール」(株式会社日本カラーデザイン研究所)
http://www.ncd-ri.co.jp/image_system/imagescale/

カラーの方向性

　今回のニュースアプリでは、色彩心理学でのアプローチを行い、カラーの方向性を決めることにしました。そして、先ほどの3つの切り口のキーワードから連想されるカラーの候補が出てきました。

4

2

デザインの方向性

199

基本コンテンツの ベースとなる時事ニュース	「信頼度の高い情報」	➡	ブルー系
「暮らしを豊かに」というコンセプト	「上向きな気持ち」	➡	オレンジ系／イエロー系
特徴的な機能としてのニュース以外 の興味・クーポン・ショッピング	「個性豊か」	➡	オレンジ系

　ブルー系とオレンジ系が大きな候補です。よって、今まで抽象的だった「シンプル＋暖色」「装飾豊か＋寒色」という2つの方向性も、一歩具体化することができました。

- ●シンプル＋オレンジ系
- ●装飾豊か＋ブルー系

テーマカラー

　UIをデザインする際は、テーマカラーを定義します。

　テーマカラーは、大きく3つに分かれ「ベースカラー」「メインカラー」「アクセントカラー」があります。それぞれの色の割合は、全体の面積に対してベースカラーが70%、メインカラーが25%、アクセントカラーが5%を占め

ます。

ベースカラー**70**　メインカラー**25**　5（%）
アクセントカラー

ベースカラー

　背景などで使われる最も広い領域で使用される色です。UIの場合は、多くの場合は白、ダークモード系では黒となることが多く、その上に表示される文字は基本的には読みやすい色が選ばれます。

メインカラー

　最も頻繁に利用される色で、そのUIのイメージを印象づける色です。すでにブランドが決まっているプロダクトの場合は、そのブランドカラーがメインカラーとなるのが一般的です。プライマリーカラーとも言われます。

アクセントカラー

　メインカラーの次に利用される色でメインカラーを引き立てるために利用します。よって、メインカラーよりも使われる量は少なく、重要な場所や要素を目立たせるために利用されます。メインカラーの補色、もしくはメインカラーの類似色が選定されることが多いです。セカンダリーカラーとも言われます。

補色　　　　　　　　　　　　　類似色

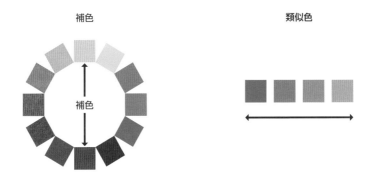

補色

:::
トーン

　さらに、カラーを選定する時は、トーン（色調）も意識します。ブルー、オレンジといった同じ系統の色でも、色の明るさや鮮やかさが違うと人に与える印象が変わってきます。この色の明るさ（明度）と色の鮮やかさ（彩度）を複合した概念がトーンです。

　カラーを選定する時は、同じトーンの中から選ぶことで、全体としての統一感を得られます。

UI トーンの例

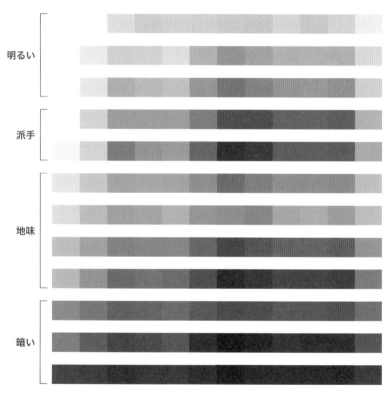

明るい

派手

地味

暗い

202

⋮ テーマカラーの選定

現在検討中の2案において、それぞれテーマカラーを選定しました。

シンプル＋オレンジ

同系色でまとめて、より前向きな気持ちなれるようなUIを目指します。

装飾豊か＋ブルー

　ブルー系とは別に補色のオレンジ系を使うことで、信頼度の高い情報を配信する一方で、少しにぎやかにして多機能性やユーザーの個性を表現できるUIを目指します。また、ポジションマップで被っていたdmenuニュースもブルー系ですが、ブルーの面積を多くして印象を変えて差別化します。

POINT

プロジェクトのポイント
「ベースカラー」「メインカラー」「アクセントカラー」の3つのカラーをそれぞれの案で設定しました。
- ●シンプル＋オレンジ
  ベースカラー：白、メインカラー：オレンジ、アクセントカラー：薄いオレンジ
- ●装飾豊か＋ブルー
  ベースカラー：白、メインカラー：ブルー、アクセントカラー：オレンジ

POINT

UI/UX検討のポイント
- ●UIをデザインする際は、全体のトーンを意識しながら「ベースカラー」「メインカラー」「アクセントカラー」のテーマカラーを選定する

ムードボード

ムードボードとその役割

　実際にUIのデザインを進めていく際に、言葉だけではプロジェクトチーム内で共通認識を持ちづらい場合も多いので、そういった場合はデザインに着手する前に視覚的にそれらのイメージを表現して共有します。

　具体的なUIをデザインするのではなく、既存のUIや写真、イラストなど、イメージしているトーンを表現するビジュアルを集めてまとめます。これを「ムードボード」と言います。

　これをプロジェクトチーム内で共有することで、より具体的な共通認識を持てるため、デザインに着手する前に、ある程度のイメージについて合意形成がしやすくなります。

　今回は、これまでの議論結果をもとに、それぞれムードボードを用意しました。

シンプル＋オレンジ

テーマカラー：白、メインカラー：オレンジ、アクセントカラー：薄いオレンジ

装飾豊か＋ブルー

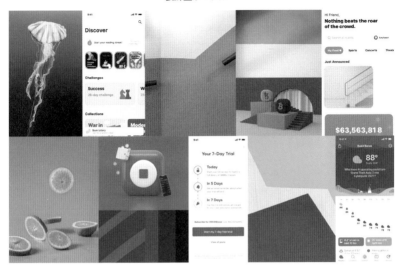

テーマカラー：白、メインカラー：オレンジ、アクセントカラー：薄いオレンジ

POINT

UI/UX検討のポイント
- 言葉だけでは目指している方向性が伝わりづらい場合は、ムードボードを
作成することで、事前にプロジェクトチーム内の共通認識を得られる

デザイン案を作る

　ここからは、これまでの準備を踏まえて、具体的にUIをビジュアル化していきます。多くの場合は、トップのみ、もしくは、特徴的な画面をピックアップしてそれぞれのデザイン案を制作します。

　このタイミングでは、細かいディテールを作り込むことよりも、大きな方向性を決めることをメインの目的とします。

　現在、「シンプル＋オレンジ系」「装飾豊か＋ブルー系」の2つの方向性で検討をしていますが、それらのデザイン案はこちらです。

シンプル＋オレンジ案
トップ

装飾豊か＋ブルー案
トップ

シンプル＋オレンジ案

装飾豊か＋ブルー案

興味

興味

クーポン

クーポン

議論の結果、「シンプル＋オレンジ案」に決定

　どちらも素敵ですが、プロジェクトチーム内で議論した結果、最終的には判断基準であるコンセプト「ニュースを起点に、毎日の暮らしを豊かにしてくれる」をより感じさせてくれる「シンプル＋オレンジ」案を採用することにしました。

議論の中で、「シンプル＋オレンジ」案が採択された理由の大きなポイントを紹介します。

- コンセプトである「ニュースを起点に、毎日の暮らしを豊かにしてくれる」というポジティブなイメージを大事にしたい。毎朝立ち上げてもらうアプリとして、少しでも前向きな気持ちになっていただければ、という想いに通じる
- 気楽に立ち上げてもらいたいので、気軽さを演出したい。ブルー系だとどうしても政治・経済・社会などの時事ニュースの「重さ」が優先して表現されてしまう
- すでに他のニュースアプリを利用している方にとって、大きく印象を変えることでき、2つ目のニュースアプリとして認識してもらいやすい

最終案の決定方法

　最終決定をする際は、定性調査や定量調査を行うことも大切ですが、それと同じくらい大事なのは、プロジェクトチームとしての「想い」です。調査結果による判断とプロダクトに込める想いをうまく使い分けて判断して進めていきましょう。

POINT
プロジェクトのポイント
- 「ニュースを起点に、毎日の暮らしを豊かにしてくれる」をより感じさせてくれる「シンプル＋オレンジ」案を採用。

POINT
UI/UX検討のポイント
- 迷った場合は、複数案を作る
- 最終決定をする際は、定性調査や定量調査、もしくは「想い」をもとに判断していく

> スムーズにデザインを進めるための基本ルール

　ベースとなるデザインが決まったので、ここからはワイヤーフレームで定義したUIをどんどんビジュアル化していきます。デザインされたUIを量産していく前に、今回のニュースアプリのUIデザインにおけるデザインの基本ルールをあらかじめ定義します。

　大きくは、カラー・形・文字・インタラクションです。この4つについての方向性をルール化し、さらにはプロジェクトチーム内で合意形成しておくことで、スムーズにデザインを進めていきやすくなります。

カラー

　カラーは、これまでの議論の結果、オレンジをベースにしたトーンとなっています。

形

　アプリで扱う情報が信頼性の高い情報であることを示すために、レイアウトの基本形状はより真面目な四角や直線をベースに構成します。

　その一方で、よりポジティブな気持ちや個性を表現するために、ボタンやアイコンなどは、丸みを帯びたデザインにしていきます。

⋮ 文字

　文字サイズをユーザーが変更できるようにはしますが、全体としては、通常のニュースアプリよりも少しだけデフォルトの文字サイズを大きくすることで、50代〜60代の方の最初の読みやすさへの印象をよくしていきます。

　また、文章を読むことが多いので、読みやすい行間や余白を意識していきます。

Title - タイトル 文字サイズ：22pt　行間：150%	**あいうえおかきくけこさしすせそたちつてとなにぬねのはひふへほ**
Body - 本文 文字サイズ：16pt　行間：175%	あいうえおかきくけこさしすせそたちつてとなにぬねのはひふへほ
Capption - キャプション 文字サイズ：14pt　行間：175%	あいうえおかきくけこさしすせそたちつてとなにぬねのはひふへほ

⋮ インタラクション

　画面遷移やローディングなどはベーシックな動きにしつつ、タップした時の反応やアイコンの切り替えはマイクロインタラクションを行い、心が豊かになるような遊び心を少し加えます。暗いニュースもあるので、殺伐とした人間味のない雰囲気になることを避けます。

ブックマークボタンを押した時の反応

最終的な主要画面のUIデザイン

　本書では、すべての画面をデザイン化することはできませんが、実際にこれまでの内容をもとに主要な画面をデザインしたものを掲載します。

ホーム

記事詳細

ニュース動画

興味

クーポン

ショッピング

　次章では、UIデザインをする時にどこに気をつけてデザインをするべきか、デザインをディレクションする人の場合は、どういう視点で見るべきかを解説していきます。

POINT

UI/UX検討のポイント

- 具体的にUIのデザインを始める前に、カラー・形・文字・インタラクションに関する方向性をルール化しておくと、デザインを進める上での軸となる

4

4

基本ルールの定義とUIデザイン

UI

CHAPTER

5

UIデザインのポイント

　いい設計をしても、いいデザインをしなければ、設計の意図が表現できずに目指していたユーザー体験を提供できないことや、画面が見づらくなりユーザーにとって使いにくいものになってしまうことがあります。

　ワイヤーフレームで行ってきた設計を活かし、UIをより良くするデザインをするために、押さえておきたいポイントを解説していきます。

ユーザーの思考に寄り添い、感情をデザインする

UI/UXの検討を行う際は、常にユーザーのことを考えながら進めていきます。そんなUIデザインの役割の1つは、ユーザーの思考に寄り添い、感情をデザインすることです。そのために、次の2点を意識して、デザインを進めていきます。

- アプリとしては、ユーザーにどういう感情になってほしいのか
- その画面やフローでユーザーは、何を考え、どういう感情なのか

ネガティブな気持ちの時は少しでもポジティブになるようにデザインし、ポジティブな気持ちの時はその気持ちを増幅させることを考えます。

そのために、カラーやインタラクションを使って表現し、ライティングも改善していきます。

例：ブックマークのインタラクションデザイン

　「記事をブックマークする」という行為は、「UX編」で行った定性調査では「誰かに伝えたい」「今度行ってみたい」「興味がある」といった次のポジティブなアクションがある時に利用されることがわかっています。よって、ユーザーが記事や動画で「ブックマーク」ボタンをタップした時は、そのポジティブな気持ちに寄り添って、インタラクションをデザインします。

例：抽選の落選

　たとえば、キャンペーンなどで何かしらの抽選をユーザーに実施した場合のことを考えてみます。ユーザーが抽選に落選した場合に、残念な気持ちをより助長する表現にするのか、次への挑戦を促す表現にするのかでユーザーの印象は大きく変わってきます。3-2のTips（「ピーク・エンドの法則」を意識して負の感情を軽減する）で紹介したように、あえてネガティブな感情を煽る必要がないのであれば、落選しても「次も挑戦してみよう！」とポジティブな感情になる表現をしていきます。

ネガティブな感情を 助長するデザイン	ポジティブな感情に 切り替えるデザイン

5 2 俯瞰で見続ける

　1つの画面と向き合っていると、つい視界が狭くなり、その画面しか見えなくなります。アプリは画面の集合体であり、一連の流れで操作するものです。そのため、UIデザイナーは、常に一歩引いて全体の流れを意識してその画面と向き合う必要があります。

一連の流れでUIを考える

　画面が下層に進めば進むほど、そこに到達するまでの流れというものがあります。よって、次のことを意識してデザインし、ユーザーの意図がくみ取られているかを確認しながら進めていきます。

- ● その画面と、前後の画面との関係性・一体感

例：クーポンを見つけて使うまでのUIの流れ

　たとえば、ハンバーガーショップで気になるクーポンを見つけて、それを使おうとした時のデザインを考えてみます。この時のクーポンを見つけて使うまでの一連のユーザーの動作を、UIの流れとして設計をしてみます。この時、ユーザーは「これを使っておトクに買おうかな」と思っていることを想像してみます。

一覧画面で気になるクーポンを見つける

　ユーザーは、店内でクーポンの一覧画面を表示して、気になる商品のクーポンを見つけたとします。一覧画面では、クーポンの大きな写真とタイトル、そしておトク情報が掲載されています。この時、写真と商品名とおトク情報が、ユーザーの短期記憶に入ります。

　では、気になった商品のクーポンをタップした時のことを考えてみましょう。右上の「チーズバーガーセット 100円OFF」をタップしたとします。

クーポンの一覧画面

クーポンの詳細画面における情報の優先順位の設計

次に表示されたクーポンの詳細画面の設計ポイントは、次の3つです。

- ●ユーザーによるクーポンの確認
- ●ユーザーによるクーポンの利用
- ●アプリによるクーポンの利用促進

前の画面で、クーポンの内容はユーザーの短期記憶に入っていて理解できていると仮定します。よって、クーポンの内容（写真と商品名とおトク情報）はクーポンの詳細画面なので表示上の優先順位は高いものの、目立たせ方の優先度としては高くはありません。

この画面で最も重要なアクションは「ユーザーによるクーポンの利用」なので、「クーポンを使う」ボタンを最も目立つプライマリーボタンとしてタップしやすい位置に設置します。

そしてその直下に、クーポンの利用を促進するために、クーポンの有効期限を少しだけ目立つ形で表示します。有効期限を少し目立たせることで「期間限定の特別なクーポン」であることを強調します。有効期限が近い場合は、「2024/03/31まで」ではなく「あと2日！」などと強調して、クーポンの利用を促進してもいいかもしれません。

　クーポン画像（タイトルやお店ロゴ、割引）については、前の画面と同じ印象のデザインで表示したほうが、より自然な動作になるので、前の画面と印象は変えないように設計をします。また、画像が変わると、間違ったクーポンを押してしまったと勘違いするユーザーもいるので、前の画面のクーポン画像と同じ画像を利用します。

クーポンの詳細画面

デザインのルール化

デザインガイドラインを定義する

　デザインを進める際は、すべてのUIにおいて一貫したルールでデザインをすることが求められます。テキストのサイズやボタンのデザインなど、デザインパターンとそれらを利用する時のルールを定義しておかないとデザインがチグハグの状態になり、一貫性のないUIになってしまいます。よって、UIのデザインをする時は、ボタンやテキストなどのUIのパーツごとにパターン化していき、それらの使い方をルール化していきます。それらを「デザインガイドライン」と呼びます。フォントやカラー、ボタンなどのパターンとルールを定義します。

▣ デザインガイドラインの例

例：ボタンの意味とデザインのルール化

　デザインルールの細部は、デザインを進めながらルールを整理していきますが、ルールの定義が難しいケースがあります。たとえば、これらのポップアップ画面を、まずはワイヤーフレームで見てみましょう。

そのままデザインすると次のようになります。一見、きちんとまとまっているように見えますが、ルール化における課題があります。

ボタンのデザインルールが一貫していない

　これらの画面は、よく見るとボタンのルールが一貫していません。

　まず、これらの画面の共通のアクションは、それぞれの画面に対するメインのアクション（オレンジ背景のボタン）と、スキップというアクションです。「スキップする」「今はしない」と言葉が混在していますが、両方とも「今は設定しないが、後からでも設定ができる」ことを意味するので、同じ意味のボタンです。同じ意味のボタンは同じデザインルールにすると、アプリ全体を通してわかりやすくユーザーを誘導することができます。

　ワイヤーフレームの段階では、ボタンの数とその優先度を意識してボタンの強調表現が変わっていましたが、ビジュアルデザインの段階では、優先度だけではなくアクションの種類を意識してそのボタンのデザインを決めていきます。

先ほどのデザインルールを適用すると、こちらのようになります。

これは1つの例ですが、文字の色や大きさ、太さなどが、同じ意味合いのところは同じルールでデザインがされているかなど、細部にわたって「意味とデザイン」のルール化を徹底していきます。

各タブのトップ画面の個性を作る

目の前の画面だけと向き合ってデザインをしていると、全体を見渡した時に似たような UI があることに気づくことがあります。その画面がすぐ近くの画面だと、ユーザーが自分の現在地がわからなくなる場合があるので注意が必要です。よって、UI をデザインする時は、その前後や周辺の画面を常に意識して進めていくことが大切です。

特に、下タブでメニューやモードを切り替えるような UI の場合は、2-6の「下タブごとの個性を意識する」でも少し触れましたが、それぞれの下タブのトップ画面の UI としての個性を意識したほうがいいケースがあります。

違うレイアウトを模索する

それぞれの画面を同じレイアウトにすることでユーザーが使いやすくなるケースと、同じレイアウトにしてしまうとユーザーのモチベーションを喚起できないケースがあります。その場合は、下タブを切り替えた時に同じレイ

5

2

俯瞰で見続ける

アウトで表現することをやめて、違うレイアウトで同等の使いやすいレイアウトができないかを模索します。

　今回のニュースアプリの「興味」タブで比較します。ボツ案と最終案を「ホーム」タブとセットで見てみます。

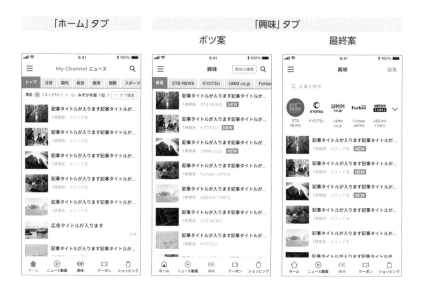

「ホーム」タブ　　　　　　　　　　「興味」タブ

ボツ案　　　　　　　　　　　最終案

UIが切り替わるとマインドも変わる

　この2案を見比べてもらうとわかりますが、ボツ案でも同じことは達成できます。ただ、このケースでは「ホーム」タブから「興味」タブに切り替えた時のことを想像すると「時事ニュースから自分の興味のある情報を見に行く」というユーザーのマインドのスイッチと一緒に、最終案のようにUIもスイッチしたほうが、よりユーザーのモチベーションを喚起できるという仮説をもとにデザインを行っています。

画面をデザインしていく上で最も重要なことは、その画面で表示されている内容を無意識に理解でき、直感的に目的の情報ややりたい操作にたどり着けるかです。

メイン／サブと優先度

ワイヤーフレームを設計する前、1-5の「表示要素のメインとサブを決める」でも述べましたが、すべての画面における表示要素は「メインの情報」と「サブの情報」の2つに分類できます。ビジュアルデザインのプロセスにおいても「メイン」と「サブ」の情報を意識して扱い、デザイン上の強弱などでそれらの優先度を表現し、ユーザーの視線や行動を誘導していきます。

例:クーポン画面における優先度のデザイン

クーポンの画面を例に見ていきましょう。

画面としての構成要素は、写真・商品名・お店のロゴ・おトク情報です。これらの塊を「クーポン」と呼びますが、どういう風に設計していくべきでしょうか。まずは、次の2つの画像の違いを見て何が違うかを探してみてから、次のページのUIの解説を読んでみてください。

○

×

クーポンに興味を持つか持たないかはお店次第

　まず、お店について考えます。私たちがクーポンを使う時に、「クーポンがあるからその店に行く」のか、それとも「よく行くお店にクーポンがあるからそのクーポンを使う」のかを考えます。ユーザーの行動の変化の大きさで言うと、前者のクーポンを使うために普段行かないお店にいく方は変化が大きく、後者のよく行くお店でクーポンを使う方は行動の変化が小さいと捉えられます。よって、行動の変化が小さい「よく行くお店にクーポンがあるからそのクーポンを使う」のほうが自然なストーリーであるという仮説ができるので、その仮説をもとにデザインを進めます。

　つまり、そのクーポンに興味を持つか持たないかは、お店次第と言うことができます。3-8の「クーポンが利用されるストーリーを考える」でプロジェクトチームで議論をした時も、よく行くお店に自分がいた時にクーポンのことを思い出してアプリを立ち上げた、という経験が大多数でした。よって、最優先事項として、お店のロゴが最初にユーザーの視界に入ってくるべきなので、視線のスタート地点となる左上に設置をします。

写真がメイン、商品名がサブ

　クーポンの商品は、「写真」と「商品名」の2つで表現をすることが想定されているので、どちらかがメインでどちらかがサブとして定義する必要があります。クーポンの場合は、その認識のしやすさからすると「写真」がメイン、「商品名」がサブとして整理できます。よって、サブの「商品名」は上ではなく下に配置します。

写真とおトク情報は同等

　では、このメインとなる「写真」とサブとなる「商品名」に対して、「おトク情報」との関係値はどうなるのでしょうか。クーポンというコンテンツの性質上、おトク情報の表示がないと成立しません。つまり、商品とおトク情報はセットで同等に見せることで、初めて「クーポン」として成立します。よって、「おトク情報」はメインの「写真」と同等の強度で表示し、それよりも強度を抑えてサブの「商品名」を表示する方針でデザインを進めることができます。

情報をグループピングする

　先ほどの「メイン／サブ」「優先度」を、より視覚的に表現して直感的に操作ができるように情報を正しくグルーピングをすることは、デザインの大きな役割の1つです。グルーピングはすべての画面において、意識しなければいけない大事なことの1つです。これができていない画面は、見づらかったり迷ってしまうケースが多いです。

例：ドロワーにおけるグルーピングのデザイン

　たとえば、ドロワーのデザインを見ていきましょう。
　ワイヤーフレームで設計された情報を、どのようにデザインしていったかを解説します。

ワイヤーフレーム

デザイン

ドロワー内の情報を分類すると、次のようにグルーピングできます。

- 自分の情報（ユーザー名、ブックマークした記事・動画、設定）
- ヘルプ
- アプリが送客したいMy Channelのサービス
- 利用規約・ライセンス

グルーピングされた情報を視覚的に表現します。今回の場合は、次のことを行っています。

- グループ間に余白を作る
  大きな4つのグループ間に余白（グレーのエリア）を設置することで、視覚的な情報の違いを表現します。また、「自分の情報」「ヘルプ」「利用規約・ライセンス」はアプリ内の情報ですが、「My Channelのサービス」はアプリ外の情報です。よって、アプリ内と外の情報が切り替わる「My Channelのサービス」のエリアの前後の余白は、より広くします。
- 見出しとコンテンツの余白を詰める
  「アプリが送客したいMy Channelのサービス」のエリアには、「My Channelのサービス」という見出しを設置します。この見出しをそのエリアに近づけることで、そのグループが何を指しているかをより明確にします。

自然な目線の動きを作る

UIを形にしたら、3-6で解説したTips「目線の動きを意識する」でも記載した目線の動きが自然かを確認していきます。上から下、もしくは、Zの流れで目線が動いた時に、スムーズに情報が頭に入ってくるかを確認していきます。

ファーストビューに入っているかの検証

3-5で解説したTips「ファーストビューを意識する」でも解説をしましたが、各画面でユーザーに伝えたい／見せたい情報が、しっかりとファーストビューに入っているかを検証していきます。ユーザーは私たちが思っているほど下にスクロールしてくれないことが多く、コンテンツの表示位置が画面の下になればなるほど、そこまで到達するユーザーの数は当然少なくなっていきます。

利用されている解像度の割合

こちらは、あるプロジェクトの2023年8月末頃の利用者（iPhone限定）の統計データです。1つの目安として見てみましょう。

解像度	モデル例	割合
390×844	iPhone 12, 12 Pro, 13, 13 Pro, 14など	32%
375×667	iPhone 6, 6s, 7, 8, SE（2世代）, 6 Plus, 6s Plus, 7 Plus, 8 Plus, X, XSなど	24%
375×812	iPhone 12 mini, 13 mini, X, XS, 11 Proなど	18%
414×896	iPhone XR, 11, XS Max, 11 Pro Maxなど	9%
428×926	iPhone 12 Pro Max, 13 Pro Max, 14 Plusなど	5%
その他		12%

小さい端末の利用者は半数以上

見てもらうとわかるように、375×X系の小さい端末を使っているユーザーは半数近くいます。つまり、小さな端末でどこまで見えるかを事前に設計しておいたほうが、より多くのユーザーのファーストビューに伝えたい／見せたいコンテンツが入るUIを作れます。

端末のサイズによる見え方の違い

実際に、iPhone SEなどの小さい端末と、最近のiPhone 14 Plusの大きめな端末の違いを見てみます。

次の例のように、ファーストビューで見える範囲が大きく変わってくるので、最初から大きい画面でデザインを開始してしまうと、小さい端末での状

態を確認した時に想定外の見え方になることが多いので、最初から小さい端
末でデザインを進めるか、常に小さい端末でどう見えるかを確認しながらデ
ザインしていきます。

iPhone SE

iPhone 14 Plus

5 4 グラフィック

アイコンやイラストを中心としたグラフィックは、ユーザーの直感的な操作や理解を手助けします。適切に使うことで、ユーザービリティを向上させます。

ボタンのアイコンのモチーフ

ボタンとしてのアイコンの基本原則は、基本的にそのアイコンだけで意味が理解できるようにすることです。つまり、一般的に同じ意味で使われているアイコンであることがアイコン選びの大事なポイントです。

よって、アイコンを検討する際は広くリサーチを徹底することが大切です。迷ったら、他のアプリやWebサイトから同じ意味で利用されているアイコンをピックアップし、よく使われているアイコンを探していきます。

今回のアプリだと、ブックマーク（お気に入り）を示すアイコンはこの3種類が該当しました。

また、アイコンを選定する際は、たとえば「記事を検索する」という場合に、「記事」にフォーカスするのか、「検索する」にフォーカスするのかを、正しく判断をします。

次の例のように、そのアクションの主目的が主語にあるのか、述語にあるのかを正しく判断して、アイコンのモチーフを選定します。

229

文字の補足

　アイコンだけでは、どうしても伝わらないケースが存在します。その場合は、アイコンに文字をつけることで補足します。

　たとえば、今回のニュースアプリの「ホーム」タブのナビゲーションバーの場合、検索機能は虫眼鏡のアイコンが一般的に利用されていて理解されています。その一方で、同じく一般的に利用されているドロワーについては、私たちが行ってきたユーザー調査での経験では年齢が上がるほどこのボタンが何なのかわからないユーザーが多かったため、ターゲット層を考慮してドロワーのみ「メニュー」という文字を加えることで、意味を伝えることがあります。

　大事なことはユーザーが困った時に正しく使えることなので、必要な誘導ができるようにデザインしていきます。

誘導を目的としたアイコンや
文字だらけの印象を緩和するためのイラスト

　アイコンは、検索ボタンのようにアイコン単独の小さなボタンだけではなく、通常の大きなボタンでもユーザーを視覚的に誘導するために利用されます。その画面内で、気づいてほしいボタンや押してほしいボタンなどにピンポイントでアイコンを添えることで目線を誘導します。また、文字をイラストにすることでその画面の文字だらけの印象を緩和します。

　今回のニュースアプリでは、ブックマークの編集画面や、「興味」タブのデフォルト状態で、アイコンやイラストを利用しています。それぞれ、アイコン表現のあり／なし、イラストで表現／文字で表現をした場合を比べてみてください。

目線の誘導をするためのボタン内のアイコン

アイコン表現あり

アイコン表現なし

文字だらけの印象を緩和するためのイラスト

イラストで表現

文字で表現

5 5 カラー

　プロダクトの印象を決める大きな要素となるカラーですが、利用するカラーの選択を間違えると見づらい画面になってしまいます。幅広い層のユーザーにとって見やすいUIを実現するためには、適切なカラーを丁寧に選択していくことが大切です。ここでは「カラーコントラスト」と「カラーユニバーサル」への対応方法を紹介します。

カラーコントラスト

　UIの背景の上に表示される文字が、カラーにおける影響でどれくらい見やすいか、もしくは、見づらいかを意識することを「カラーコントラスト」と言います。

　たとえば、黒の上に白の文字／白の上に黒の文字を置いたら見やすいですが、黒の上にグレーの文字／オレンジの上に同系色の黄色の文字を置いたら見づらくなります。

　こちらの画面は、極端な例です。

　前景色（文字の色など）と背景色のコントラスト比を意識することで、見づらい表示を避けられます。

　このコントラスト比は、「WCAG（Web Content Accessibility Guidelines）」というWebサイトにおけるアクセシビリティの世界的な基準となっているガイドラインで定義されている基準を参考にチェックを行います。

　一般的にはAAレベルでの基準をクリアすることが多く、よりアクセシビリティが重要になるサービスにおいてはAAAを目指します。文字の大きさと、和文か英文かで基準が変わってきます。

レベル	小さいテキストの場合 英文：17pt以下または13pt以下の太字 和文：21pt以下または17pt以下の太字	大きいテキストの場合 英文：18pt以上または14pt以上の太字 和文：22pt以上または18pt以上の太字
AA	4.5:1 Hello world	3:1 Hello world
AAA	7:1 Hello world	4.5:1 Hello world
不合格の例	2:1の場合 Hello world	2:1の場合 Hello world

　コントラスト比をチェックするツールもたくさんあるので、UIのデザインを進めながらUIをチェックしていきます。

カラーユニバーサル

　色の見え方には個人差があり、人によっては一部の色の組み合わせが区別しづらく情報が正しく読み取りづらい表示というものが存在します。

　これは、遺伝子のタイプの違いやさまざまな眼の疾患等により色の感じ方が一般と異なるためです。赤系の色が見づらいP型、緑系が見づらいD型、

青系が見づらいT型などがあります。P型とD型の人の割合は、日本では男性の20人に1人、女性の500人に1人いると言われ、日本全体では300万人以上いるとされています（海外では10人に1人とも言われています）。

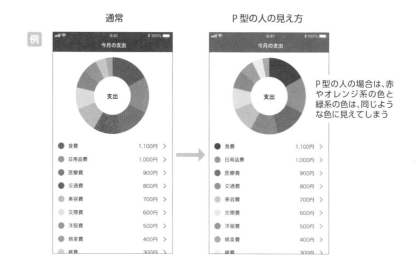

P型の人の場合は、赤やオレンジ系の色と緑系の色は、同じような色に見えてしまう

シミュレーションツールを活用して事前にチェック

　よって、こういった見え方をする方にも適切に情報が視認できるように、シミュレーションツールを使って適切に見えるかを確認していきます。

　また、年齢が高齢になっていくと、眼の水晶体が黄色みがかるため、視界全体が黄色っぽく見えていると言われています。ただ、本人は白色が黄色みがかっているとは感じておらず、白は白と認識しています。濃い色同士であれば見分けがつくものの、白に近い青（薄い水色など）や白に近い黄色（薄いベージュなど）は見分けることが難しい方もいるため、そういった色は避けるようにします。

ボタン

UIでのユーザーの行動は、基本的には「読む／見る」と「タップする」の繰り返しです。だからこそ、この「タップする」ためのボタンは、正しくデザインをする必要があります。誤ったデザインをすると、ボタンに気づいてもらえない、うまくタップできないといった課題が発生してしまいます。

タップできるところは明確にする

ユーザーに特にタップしてほしいボタンやユーザーが見つけたいと思っているボタンは、特に明確にタップできることを伝えないと、ユーザーは想定外にタップしてくれないことがあります。

次の例は、今回のニュースアプリの「ホーム」タブの天気コーナーと占いコーナーです。

○

×

ユーザーがこのエリアの情報を目にして「あっ、今日雨だ」とか「あっ、運勢1位だ」と興味を持った時に、ユーザーは「何時から雨だろう？」とか「1位の内容は何だろう？」という思考が生まれることが想像できます。

その時に左の例だと「＞（シェブロン）」があるのでスムーズにそのエリアをタップしてもらえそうですが、右の例だと単に表示されているだけの情報として捉えられてしまい、そこでユーザーの行動が完結してしまう可能性があります。

押せないと誤解されないようにする

ボタンには、タップできるボタンとタップできないボタンがあります。デ

ザインをする時は、アクティブなボタンと非アクティブなボタンと言います。

∶ アクティブなボタンと非アクティブなボタンの表現

　今回のニュースアプリのブックマークの編集画面を見てみます。不要なブックマークをまとめて選択して、削除することができる画面です。

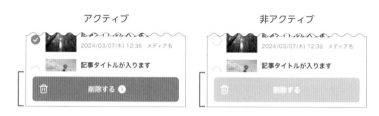

　左のボタンは、削除したい項目を選択しているのでアクティブな状態です。右のボタンは、まだ1件も選択しておらず削除することはできないので非アクティブな状態です。

　デザインの役割は、視覚的に現在の状態を正しく伝えることです。デザインとしては、カラーコントラスト比が低いと非アクティブに見えやすくなります。このデザインを正しくしないと、本来タップできるものがタップができないように見えてしまうことがあります

　次の「ホーム」タブの上タブの例を見てみてください。

　表示中のタブ（フォアグラウンドのタブ）と、それ以外のタブ（バックグラウンドのタブ）がありますが、右側の例の場合だとバックグラウンドのタブが実際はタップできるのに非アクティブに見えてしまい、ユーザーに誤解を招く可能性があります。

　コントラスト比が低いボタンや、グレー系のボタンをデザインする時に起きがちなので、そういったデザインになっていないかを必ずチェックします。

タップ範囲の設計

　Webサイトやアプリでボタンをタップする時に、なかなかタップできなかった経験は誰にでもあるのではないでしょうか。それは、実装した際のボタンのタップ範囲が狭いからです。

タップ範囲の基準

　基準となる「最小」のタップ範囲は、各OSのガイドラインで指定されています。基本的にはこれ以上小さくしません。

OS	最小のタップ範囲
iOS（Human Interface Guidelines）	44×44pt
Android（Material Design）	48×48dp

　アイコンやボタンなどが小さくても、タップ範囲を広めに確保することでタップしやすくします。

　また、タップできるパーツ同士は、近すぎると誤タップをしやすくなるので、十分な余白を設計します。

　次のポップアップの画面を例に見てみます。

　タップできる要素としては「ログインする」「新規登録する」「スキップする」です。それぞれの余白を均等に配置した画面が右の例ですが、その結果、「スキップする」をタップしようとした時に「新規登録する」をユーザーが誤ってタップする可能性があることが想像できます。

　よって左の例のように、「新規登録する」と「スキップする」の間に十分な余白を設置します。

同じ機能が同じ画面に2つ以上ある場合は見直す

画面内に同一機能が複数ある場合は、設計を見直すことがあります。
たとえば、次のキャンペーン情報のポップアップの画面を見てみます。

○    ×

右の画面の例は、「閉じる」ための機能が2つあります。ポップアップの
画面の右上の「×」ボタンと下部の「閉じる」ボタンです。この狭いエリア
で同じ機能が重複している場合は、両方必要があるのかを見直していきます。
　UXとして1つでいいのであれば、開発工数やテスト工数を減らすために、
1つに絞ります。

5 7 フォント

アプリにおいて、文字がないアプリはおそらくないと言っても過言ではありません。よって、文字を表現するフォントの扱いによって、見やすさは大きく変わります。

フォントの選定

Microsoft社のWordやPowerPointなどに慣れていると、大量のフォントから利用するフォントを選ぶことを考えるかもしれませんが、アプリ上で表示するテキストにおいては、基本的にはフォントの選定は行いません。

各OSもしくは各端末で、指定されているデフォルトのフォントがあり、それらを活用することが基本です。それ以外のフォントを使うと、ユーザーにとってそのアプリだけ表示の印象が変わり、ユーザーにストレスがかかる可能性があるためです。

iPhone

Android

フォントのサイズ・ウェイト・行間

フォントにおいて、その見え方を規定する要素は大きく3つあります。

1つ目がサイズ。大きさを変えることで、その情報の優先度に影響します。

2つ目がウェイト。太字の具合で、サイズと同じようにその情報の優先度に影響します。

3つ目が行間。文字単体ではなく、改行がされる文章において読みやすさに影響します。

少しの設定で変わる読みやすさ

実際に記事詳細画面で見比べてみましょう。右の例は次のように変えたものです。

見比べてみると、左側のほうが情報を認識しやすく、また文章が読みやすいと感じるはずです。

文字サイズの種類を制限する

画面内でユーザーに見えているエリアや、特定のコンテンツエリアにおいて利用されている文字サイズの種類が多いと、見づらいと感じる場合があります。そういった場合は、文字サイズの種類を減らしてみると見やすくなります。

画面やボタンによっては、演出やユーザーへのフィードバックをアニメーションで伝えることで、より気持ちのいいUIにできます。

インタラクションの役割

インタラクションの役割は、いくつかあります。

- **気持ちよく使ってもらうこと**
  アクションに対するフィードバックとしてのマイクロインタラクションは、ユーザーに心地よい操作感を与えます。
- **感情に働きかけること**
  たとえば、削除する時にアニメーションをつけると爽快感を与えることができたり、いいね！を押した時に少しだけアニメーションすることで、気持ちがポジティブになります。心地の良いアニメーションは、ユーザーの感情に働きかけることができ、アプリへの印象を向上させます。
- **操作を誘導すること**
  使い方によっては印象が悪くなるので注意が必要ですが、たとえば、下タブに吹き出しを表示する際に、アニメーションしながら表示することで、視線を誘導しアクションを誘導できます。

別のタブへ誘導するアニメーションの例

待たせるアニメーションにしてはいけない

表示されるアニメーションは、ユーザーの操作を止めるものであってはいけません。マイクロインタラクションを作る時は、長くても0.5秒以内に収めることを意識します。

5 9 端末での確認

アプリの場合は、実際に利用されるのはスマホやタブレットなので、常に端末での表示や操作感を意識してデザインをする必要があります。そのため、確認作業はパソコンで行わずに実際の端末を通して行います。

端末でUIを見ることで得られる気づき

PCで見る作業中のUIと実際の端末で見るUIは、印象が異なるケースが多くあります。PCで見ると読みやすかった画面を端末で見てみると、実は読みづらかったことやボタンがユーザーに認識されづらそうなことなど、作業中のUIを端末で見ることで多くの気づきが得られます。

現在、UIデザインの多くはFigma（https://www.figma.com/）というデザインツールを使って行われています。Figmaは、作業中のUIをすぐに端末で表示する「ミラーリング」という機能を、専用のスマホアプリを通して提供しています。こういった機能を使うことで、作業中のUIをプロジェクトメンバーがすぐに端末で確認することができ、UIデザイナーはフィードバックを得ることができます。

最終的なUIの確認は、必ず端末で確認する癖をつけていきます。端末で確認することで、さまざまな課題を素早く発見できるので、必ず端末で確認

してブラッシュアップしていきます。「やっぱりここが見づらいから直したい」というような開発後に出てきそうな手戻りも、このタイミングで減らしておきます。

プロトタイプでの確認

　デザイン中のUIは、単に端末で表示するだけではなく、画面をスクロールしたりタップして次の画面に遷移ができるプロトタイプの状態で確認することができます。Figmaでは、制作したデザインを利用してそのままプロトタイプを作ることができ、ボタンのタップやフローティングの表示もできるので、基本的な操作感はプロトタイプを通して確認できます。プロトタイプを端末で実際に操作してみることで、ユーザビリティの課題や一連のフロー上の課題などを発見でき、UIのブラッシュアップに役立てることができます。

　「プロトタイプ」と呼ばれるものは、UIの操作感を確認する「デザインプロトタイプ」と、実際に動作する機能を開発してユーザー体験を確認する「実装プロトタイプ」があります。デザインプロトタイプは実装プロトタイプと違い、エンジニアの手を必要とせずにUIデザイナーだけで短い時間で対応できるので、うまく活用してデザインの段階でのUIの精度を上げていきます。また、ここで作られたデザインプロトタイプを開発チームに共有することで、開発チームとの齟齬も減らすことに役立てることもできます。

5 10 iOS／Android への最適化

　今回のニュースアプリは、Native で実装をすることを前提にするので、各 OS での表示を最適化する必要があります。各 OS で、どういった違いがあるかを見ていきましょう。

　1-3 の「iOS と Android の違い」でも解説したように、まずベースとなるデザインガイドラインが違います。といっても、根本的に何かが変わるというわけではなく、余白の取り方やボタンの大きさ、フォントなどが細かく変わってきます。

　今回のニュースアプリの UI を例として見ていきます。

ホーム画面

　iOS と Android ではベースとなる解像度も違い、利用されるフォントや推奨されているフォントサイズや余白なども違うので、少し印象が変わります。

iPhone

Android

　上記の画面上部の「My Channel ニュース」とタイトルが入っているバーを、iOS は「NavigationBar（本書ではナビゲーションバーと記載）」、Android は「TopAppBar（本書では過去の呼び名のアクションバーと記載）」と言い

ます。かつては、先ほどのUIのようにそれぞれのOSで変更して配置することが多かったですが、現在は両OSともに同じ配置に統一することが多くなってきました。

記事詳細画面

ホーム画面のひとつ下の階層となる記事詳細画面では、ナビゲーションバー／アクションバーの「戻るボタン」のアイコンの標準デザインと、「共有ボタン」がiOSとAndroidでは異なります。

iPhone

Android

設定画面

設定画面では、iOSはモーダルでの表示を想定しているので「閉じる」となっているのに対して、Androidはモーダルが標準で用意されていないので通常の遷移として表示するため、通常の下層の画面と同じように「←（戻る）」ボタンになっています。

また、iOSでは各リスト（各設定項目）の右端に「＞」がついていますが、Androidではついていないことが特徴です。ただし、必ずそうするというわけではなく、あえてAndroidでも「＞」をつけてタップできる箇所をより明示的にユーザーに伝えることもあります。

また、Androidは縦への動きがiOSに比べると苦手な印象があるので、

iOSで画面を縦にスライドさせる画面の場合（モーダル系の画面など）は、Androidでは別の方法で遷移させることを検討したほうがいい場合があります。

iPhone

Android

PUSH通知画面

PUSH通知の管理をする画面で通知のON/OFFを行うトグルスイッチは、OSが提供しているUIを使うので根本的なデザインが異なります（ONの時よりもOFFの時のほうがデザインの差が明確にでます）。

また、このトグルスイッチのみならず、こういったON/OFFや日付選択、リスト選択など、Webサイトで言う「フォーム」で使いそうなパーツは、OSがデフォルトでUIや機能（標準パーツ）を用意しているので、各OSで表示が異なってきます。また、標準パーツはメインカラーが指定できるので、アプリのメインカラーに合わせてその色の指定を行っていきます。標準パーツを使わずに、独自のパーツをデザインして実装をすることもできますが、標準パーツを使うよりも開発コストがかかります。

PUSH通知画面のトグルスイッチ

iPhone

Android

フォームのパーツ

iPhone

Android

Pull-to-Refresh

画面を更新する際のPull-to-Refreshは、OSの標準の機能を利用して実装をすることにしましたが、iOSの場合はローディングアイコンの画像、Androidの場合はローディングアイコンのカラーのみを指定します。

iPhone

Android

以上で、前編の「UX編」から続いてきた「ニュースアプリ」をテーマにしたUI/UXの検討と解説は終わりとなります。

すべてのUIのデザインが終わると、デザインデータとデザインガイドラインを整理し、開発チームにデザインファイルを渡します。そのファイルをもとに開発チームが実装を進めます。

次章では、最後に開発プロセスにおける課題や開発チームとの連携などについて解説をしていきます。

UI

CHAPTER

6

開発と UI/UX

　UI/UXデザインをする目的は、デザインをすることではなく、デザインをもとに実装されたアプリやWebサイトを通してユーザーにより良いユーザー体験をしてもらうことです。よって、デザインが終わったタイミングでは、プロジェクトとしてはまだ途中段階です。UI/UXデザイナーは、開発プロセスにおいてもUI/UXを高めるために、引き続き関わり続けていきます。

⬤6 ① 開発プロセスの課題

┃「UX」の普及と開発プロセスの変化

　2010年代前半にかけて「UX」という言葉が業界に普及していった結果、開発前のサービス検討のプロセスの重要性が認識されるようになり、各所でUXという言葉が徐々に使われていくようになりました。また、2000年代のスモールスタート・クイックリリースといった文化から、最初の段階からしっかりと時間をかけて作るような傾向に変化していきました。さらに、それまではアプリをリリースする際は「とりあえずiOSだけ出して様子を見てから、後でAndroidに対応する」といった方法が多かったのが、徐々に「最初から両OSで同時にリリース」ということが多くなりました。それらの結果、開発規模も大きくなっていった印象があります。

デザインと開発会社の分離が加速

　私の個人的な印象ですが、この「UXという言葉の普及」と「開発規模の巨大化」が重なった結果、UI/UXの検討はデザイン会社、開発は開発会社という風に、それまで以上に役割分担が明確にされていくようになりました。私が代表を務めている会社では、デザインも開発も行っていますが、私たちのようなUI/UXデザインと開発を一気通貫でやる会社は、当時と比べるとだいぶ少なくなった印象があります。実際に、私たちの会社では2015年頃まではUI/UXデザインと開発をセットで行うプロジェクトが多数を占めていましたが、2015年頃からは徐々にUI/UXデザインまでのプロジェクトが増えていき、現在だと、UI/UXデザインまでのプロジェクトと、UI/UXデザインと開発をセットで行うプロジェクトが、半々くらいになっています。

分離したことによる課題

　この「デザインと開発の完全分離」が起きていった結果、それぞれの専門的な役割は明確になっていたものの、大きな課題が顕著にあらわれるようになりました。それは、想定された設計・デザイン通りに実装がされないことが多いことです。次のよくある例を見てみます。

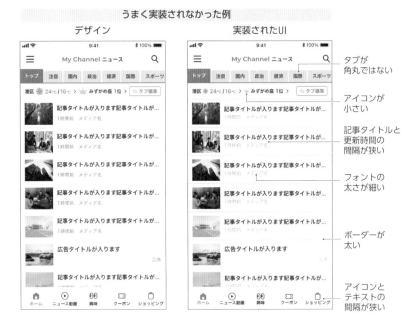

うまく実装されなかった例

デザイン　　　　　　　　　実装されたUI

タブが
角丸ではない

アイコンが
小さい

記事タイトルと
更新時間の
間隔が狭い

フォントの
太さが細い

ボーダーが
太い

アイコンと
テキストの
間隔が狭い

　「デザイン」と「実装されたUI」を比較してみると、パッと見では気づかないかもしれませんが、間違っている箇所が多くあります。これまでも解説をしてきたように、UIのデザインには意図と意味があります。技術的に実装が難しい場合を除いて、基本的にはデザイン通りに実装して、これまでのUI/UXデザインの検討結果を実現していくことを目指します。

　本章では、なぜそういったことが起きるのか、どう解決していくべきかを説明していきます。

　最終的なUI/UXを仕上げるにあたり、最も難しいプロセスがこの開発プロセスといっても過言ではありません。開発体制の整備やツールの活用などさまざまなものを使いながら、最後まで気を抜かずにプロダクトの品質を高めていきます。

技術的な考慮を行わない UI/UX は よくない結果を生みやすい

　「想定された設計・デザイン通りに実装ができない」という問題が、開発プロセスにおいて発生することがあります。これは、技術的な考慮を UI/UX の検討の際に行わずに、そのまま開発プロセスに入った場合によく発生します。このケースの場合、無理に実装してコストが大きく増えるか、仕様変更を求められて再検討のためにプロジェクトが遅延するかのいずれかのよくない結果を生みます。

　この結果は、1章の「UI の基礎知識」で解説した技術的な背景をデザイナーが知らずに UI をデザインした場合に起こる場合と、UI/UX 検討のフェーズにおけるデザイナーとエンジニア（もしくは、デザイン会社と開発会社）のコミュニケーション不足によって起こる場合の大きく2つに分類されます。

開発工数が増えるさまざまなケース

　アプリ開発の場合、1-5の「画面と動きをパターンで考える」でも解説したようにベースのレイアウトパターンは決まっているので、そこから大きく逸脱するものは開発工数が増えていきます。もちろん、あえてそれが必要なケースもありますが、実際はそこまでする必要がないケースが多いです。その場合は、複雑なレイアウトにせず、標準的なレイアウトにする判断をしたほうが、プロジェクトのメリットやユーザーのメリットが大きくなることが多いです。

　実際に、デザイナーが想定していなかった開発工数が増えるケースを紹介します。次の例1はデザインガイドラインを事前に見ていれば気づけるケース、例2は UI の独自性を出そうと考えた時に起こるケース、例3はエンジニアに相談しないと気づけないケースです。

例1：ナビゲーションバー／アクションバーのレイアウトが標準のサイズや余白ではない

通常

開発工数が増えるケース

例2：ドロワーをナビゲーションバー／アクションバーの下に表示

通常

開発工数が増えるケース

例3：スクロール時に上タブを固定して表示することを前提とした時に、お知らせを上タブの上に表示

通常

開発工数が増えるケース

スクロール時

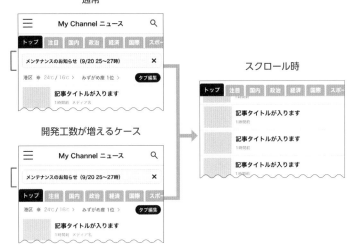

UI/UX の開発最適化

　開発途中の技術的な問題を減らすには、エンジニアにUI/UXの設計段階から参加してもらい、UIにおける技術的な判断やアドバイスをもらいながら一緒に検討してもらうことが一番の解決方法です。UI/UXの検討プロセスでは、UI/UXデザイナーが検討を進める企画やUIを、常にエンジニアにレビューしてもらい開発に向けて最適化をしていくことが重要です。UI/UXデザインの検討段階で、できることとできないことや、実装が複雑になる場合の代替案をエンジニアに教えてもらいながら、その後の開発プロセスがスムーズに進むように準備していきます。

　1-4「開発手法」で解説したアプリ全体の開発手法の選択や、画面ごとの開発手法の選択をする場合においても、エンジニアによるサポートは必須です。特にスマホについているセンサーを使う時は、より技術的な制約がある場合があるため、エンジニアにプロジェクトに並走してもらうことがオススメです。

開発に向けたUI/UXの最適化

6 3 開発チームとの意思疎通

　UI/UXの検討・制作フェーズが終わると、デザイナーが作ったUIのレイアウト情報や画像素材を含むデザインファイルを、社内の開発チームか外部の開発会社に渡します。一番怖いのは渡して終わりになってしまうケースです。その場合、想定外の実装になる部分が多く発生してしまうことがあります。そういったことを防ぐためには、大きく2つのポイントが大切です。

デザイナーとエンジニアのコミュニケーション環境の構築

　開発プロセスにおいては、デザイナーとエンジニアが、常にコミュニケーションがとれる環境を作ることがとても大切です。開発途中で発生する課題や仕様変更などに対して、あらためてベストなUI/UXを検討しすぐにUIの追加や変更をしていくことで、開発速度を極力緩めずに進められます。

　最近は、クライアント・デザイン会社・開発会社が、Slackなどのチャットツール上で一緒にコミュニケーションを取りながらプロジェクトを進めることが多くなってきています。そういった円滑にコミュニケーションをとることができる環境づくりをしていきます。

　また、UIのデザインツールとしてFigmaを使うことが多いですが、Figma上では関係者が各UIに対してコミュニケーションがとれるコメントツールを用意しているので、そういったツールも使いながら、開発で発生する課題を日々解決していきます。実際の開発現場でも、デザイナーとエンジニア間の開発における質疑応答の多くは、Figmaで行われています。

定期的なUIレビュー

　最後にまとめて仕上がりをチェックすると、実装ミスが大量に見つかるケースが多いです。そうなると、まとめて行う修正作業の量が多くなり、いわゆる「炎上」が起きやすくなります。そういったことを防ぐために、エンジニアは、画面を実装するたびにデザイナーにUIを見せて、実装ミスがないか改善すべき点がないかを確認していきます。細かいマイルストーンごとに見てもらうことで最終的な炎上を防ぎ、ブラッシュアップをすることで品質の向上ができるようになります。

　開発プロセスの中で小まめなUIレビューを行うことで、その後に作る画

6

3

開発チームとの意思疎通

面のクオリティも上がっていきます。よって、基本的には最後にまとめてチェックするのではなく、開発プロセスの途中で定期的にUIレビューをするフローを作っていくことをオススメします。UIの表示試験と機能の動作試験をまとめて実施すると、そこで発見されたバグのうち、デザイン観点のバグよりも機能観点のバグのほうが優先して修正されることが一般的です。そのため、UIデザインが正しく反映されていなくても時間切れで直されずにリリースされてしまうことがあります。

　ここで、開発の試験工程におけるUIのバグの状況について解説します。

「バグ」の種類

　まず、一般的に「バグ」と呼ばれるものは、大きく2つに分けられます。1つは、機能としてのバグです。これは、たとえば、タップしても動かない、本来表示されるべき情報とは違う情報が表示されている、といったわかりやすいものです。もう1つは、UIとしてのバグで、レイアウト内の余白や文字の大きさや太さや色が違う、ボタンの大きさや形が違うといった見た目の問題です。

機能のバグ

- スワイプできない
- 違うDBの情報が表示されている
- タップしてもカートに追加されない

UIのバグ

- 余白が違う
- 文字の太さが違う
- フォントサイズが違う
- 色が違う
- 大きさが違う

　これらの2種類のバグは、私たちのようにデザインも開発も行っている会社だと平均的には50：50くらいの割合で試験工程で発生します。これが、開発主体の会社が実装をすると80：20くらいの割合でUIのバグのほうが多くなる傾向があると感じています。おそらくですが、開発主体の会社は、機能の実装の精度を高めるためにテストの自動化や試験項目をしっかりと作るなど、機能のバグを減らすための意識は高いものの、UI部分については意識が低くなる傾向があると推測しています。

UIのバグ
約 **50** %

色が違う、文字揃えが違う、余白が違う、罫線の太さが違う、フォントが違う、フォントサイズが違う、大きさが違う、など

ソフトウェアの
バグ

機能のバグ

　UIのバグの件数でいうと、アプリだと1OSあたり、大小含めて50〜100件程度のケースが多い気がします。最後の試験工程において機能のバグの修正に集中するためにも、UIのバグを事前に減らす開発途中の定期的なUIレビューは大切なプロセスとなります。

6

3

開発チームとの意思疎通

6 4 ツールを活用したUIチェック

目視で行われるUIチェック

　UIのデザインチェックは、いまだに目視で行われています。実装された画面とデザインデータを見比べて、間違っているところを探します。デザインチェックは個人の能力に依存するため、デザインを担当したデザイナーがUIをチェックすると、多くの実装ミスを見つけることになります。

UIチェックを自動化した「UI SCAN」

　現在、私たちの子会社である株式会社BLUEでは、UIチェックを自動的に行うテストツール「UI SCAN」（https://ui-scan.com/）を、エンジニア向けに提供しています。

　UI SCANでは、はじめに開発しているアプリやWebサイトのFigmaのデザインデータを取り込みます。エンジニアが開発途中の画面のスクリーンショットをサイトにアップロードすると、自動的に対象となるデザインデータとマッチングします。そして、そのまま検証を行い、開発途中の画面とデザインとの違いを画面上に表示します。

　UI SCANを開発プロセスで使うことで、エンジニアがデザイナーにチェックを依頼する必要がなくなります。エンジニアは自分が実装した画面とデザインデータとの違いを確認・修正しながら実装を進めることができ、最初の実装の段階から本来の設計に忠実なUIが実装されるようになります。

　現在、Figmaのデザインデータと実装されたスクリーンショットを比較して、実装上の間違いを指摘するツールはUI SCANしかありませんが、これからは、よりUIを正しく実装するためのいろいろなツールが出てくるようになるでしょう。

　ぜひ、そういったツールも利用しながら、UI/UXの品質を高めていってください。

UI SCAN

デザインと開発中の画面との違いを表示

おわりに

　最後に、UIデザイナーを目指す方や、現在UIデザインのチームに所属している方に向けてアドバイスをさせていただきます。

正解はないが不正解があるのがUIデザイン

UIデザインは終わりがない

　開発の場合は、正常に動くか動かないか、軽快に動くか動かないかというわかりやすい指標があり、客観的にOK/NGが判断しやすい領域です。その一方で、UIデザインは、何がOKかということがとても判断がしづらい領域です。それは、UIデザインは、実際にユーザーに使ってもらった後にユーザーの感想やデータ分析の結果を見ることで仮説の結果を知ることができ、その結果をもとにさらに改善を続けていくものだからです。そして、その改善には終わりがないというのがUIデザインの特徴で、もっと改善するにはどうすればいいのかを探す作業をひたすら行っていきます。

　一定の経験や知識、感覚があるUIデザイナーであれば、UIデザインの検討段階でも何がNGかは判断ができるところもありますが、何がOKかは判断がしづらいのがUIデザインです。

理論を磨いたほうが能力は伸びやすい

　本書では、UIを設計する時のさまざまな「Tips」を紹介させていただきました。UIデザインは、特殊な感性の能力が必要と思われがちですが、個人的には感性2割・理論8割くらいだと思っています。つまり、8割は誰もが習得できる知識の領域なのです。2割となる感性やデザインテクニックを磨こうと意識がつい行きがちですが、まずは8割の論理的能力を磨いたほうがUIデザイナーとしては能力が伸びやすいということです。

　UIデザインは、仮説の連続です。「このほうが見やすいだろう」「こうすれば気づいてくれるだろう」「こうすれば迷わないだろう」、そういったことをずっと考え続けてUIの設計やデザインを行っていきます。その作業は、紛れもなく感性ではなく理論です。その理論の精度を上げて、仮説を積み上げていくことで、最終的なプロダクトのユーザビリティや美しさにつなげて

いきます。

デザインはチームで行う

　設計とデザイン、これは切っても切れない関係のものですが、必ずしも1人でその役割を担うべきものではありません。設計が得意な人もいれば、ビジュアルデザインが得意な人もいます。両方得意な人は、すごく稀だと感じています。そのことを、依頼する側も、デザインをする側もよく理解をしておくべきです。1人が得意なことには限界があり、1人でできることが必ずしもいいとは限らないのです。1人よりも2人のほうが、視点や情報量、判断材料が必ず増えます。つまり、1人の力に設計もデザインも依存することは、ものすごくリスクを伴うことなのです。

　とても優秀なUI/UXデザイナーがプロジェクトにアサインされた場合は別にして、UI/UXデザインの体制が、たとえば、営業1人、UI/UXデザイナー1人という体制だったとしたら、その時点でプロジェクトにリスクが生じる可能性があります。せめてUI/UXデザイナー1人が1カ月稼働する体制ではなく、2人のUI/UXデザイナーがそれぞれ半月ずつ稼働する体制のほうが、いい結果が期待できる可能性があります。

　私たちの会社では、いかなるプロジェクトも原則として、企画・設計を担当するディレクターとビジュアルデザインを担当するUIデザイナーが、それぞれ最低2名ずつ、合計4名がアサインされてプロジェクトを担当します。日々の検討において、その4人がそれぞれの視点で検討・制作したものをお互いにレビューし合い、仮説の精度を上げていきます。

誰のために何のためにデザインをしているのかを常に考え続ける

　UIデザインをしていると、目の前の画面に夢中になって周りが見えなくなるケースがあります。そういった状況を見てきた中で、UIデザインを始めた頃に忘れがちな大切な視点を4つ紹介します。

人	●誰のために作っているのか ●どんな人なのか ●その人は何を求めているのか
目的・ゴール	●この画面は、ユーザーにとって何をするための画面なのか ●この画面のゴールは何なのか
感情・思考	●ユーザーはこの画面を見た時にどういう感情なのか、どういう感情になってもらいたいのか ●何を考えているのか、その考えにどう応えるのか
全体	●利用シナリオにおいて、この画面の役割は正しく達成できているのか ●前後の画面とつながりは正しく整理されているのか ●プロダクト全体のルールは統一されているのか

　デザインしたUIをプロジェクトメンバーとレビューした時に違和感を覚えた際は、この4つのどれかが欠けていることが多いです。この4つの視点は、UIデザインを考える上でベースとなる部分です。これから、UIデザインを本格的に行っていく方は、ぜひ意識し続けてデザインをしてみてください。UIの説得力が大きく変わってくるはずです。

基本原則を守る

　4章「ビジュアルデザイン」で紹介した「迷わない」「わかりやすい」「見やすい」「気持ちよく利用できる」というUIデザインを行っていく上で大事なキーワードがあります。これは、書くと当たり前すぎるくらいのことですが、何よりも大事な基本原則として胸に刻んでデザインを進めることが大切です。

テーマ	実現すべきこと	ポイント
設計	迷わない	目的の場所にスムーズにたどり着けて、やりたい操作ができる
言葉・表現	わかりやすい	客観的に理解ができる
見た目	見やすい	視認しやすく目が疲れない
感情	気持ちよく利用できる	ネガティブな感情を抱かずに、目的を完遂できる

基本原則に基づいて設計をした時に、同じような画面であればすべてのプロダクトにおいて同じようなUIになるかというと、必ずしもそうではありません。プロダクトごとにデザイン要件が異なるため、同じ目的の画面でも違うUIになる場合があります。デザイン要件が異なるということは、それを使うターゲットユーザーが異なることを意味します。

同じ内容のアプリでも、スマホを初めて使う人に使ってもらうアプリと、スマホを長年使っている人に使ってもらうアプリでは、ケアするべきことが大きく異なります。その結果、必然的にそれぞれのプロダクトのUI/UXデザインも変わってきます。つまり、そのプロダクトを使う人にとっての「迷わない」「わかりやすい」「見やすい」「気持ちよく利用できる」の定義は、プロダクトによって変わってくるということです。よって、プロダクトごとにこれらの定義を丁寧にしていくことが必要です。UI/UXの検討プロセスにおいては、常に「人」を中心におき、人に寄り添い続けていきます。

そのプロダクトのあるべき姿を探す

「あるべき姿」を目指す

UI/UXの検討において、大事なことはクリエイターの個性を出すことではありません。自由に発想し自由な表現を、と考えがちですが、それは少し違います。私たちが作っているのは、自己表現のためのアートではありません。

一時的に盛り上げたいプロモーションやキャンペーン、ゲームなどのプロジェクトの場合は、そういった力が必要な場合もありますが、日常的にユーザーが使うサービスやプロダクトを作る場合は、私たちがしなければいけないことは、そのサービスやプロダクトの「あるべき姿」を見つけ出すことです。

「あるべき姿」に到達できていないUIの場合は、利用するために学ばなければいけないことが多かったり、使っていて違和感がある場合が多く、その結果、使いづらくて使われなくなっていきます。

俯瞰的に見続ける

　ユーザーが使っているプロダクトは、私たちが提供するアプリだけではなく、他の多くのアプリや Web サービスの中の1つです。そういった立ち位置の中で、突飛な発想が必要なのか、それとも、「ヤコブの法則」にもあるようにユーザーがこれまでに培った経験の延長線上で、自然に使えるものにするべきなのか、そういったことをサービス全体もしくは画面単位で常に考えていく必要があります。

　UI を作っていて、出来上がった UI を俯瞰的に見てみて、何やらあまり見たことがない UI や構成だと感じたら、一度立ち止まってそう感じる原因を探してもう一度検討するべきです。

　あるべき姿を与えられた期間の中で見つけ出せるかが、この仕事で最も求められる能力の1つであり、やりがいの1つです。そして、そのあるべき姿というのは、さまざまな要因や年月の経過に伴いどんどん変化するため、その変化に対応するためにアプリのアップデートや Web サイトの改善を続けていかなければいけません。

世界中のソフトウェアを使いやすく美しくしていこう

　ここまでいろいろとお話をさせていただきましたが、そのあるべき姿には私自身もまだまだすぐにはたどり着くことはできません。

　日々の努力や情報収集、コミュニケーションなどを積み重ねていくことで、そのあるべき姿に少しずつ到達できるようになっていきます。

　本書を読まれた方は、同じ UI/UX に携わる者としてぜひ一緒に研鑽しながら、日本中、そして、世界中のソフトウェアをより使いやすくより美しいものにしていきましょう。

INDEX

桂信　Makoto Katsura

株式会社エクストーン、代表取締役。
1983年、東京都生まれ。慶應義塾大学大学院政策・メディア研究科メディアデザインプログラム修了。
在学中の2005年に創業してから現在に至るまで、企業のアプリやWebサービスの立ち上げや改善を多く手がける。一貫したユーザー視点のアプローチで、UI/UXのデザインをしている。

株式会社エクストーン　Xtone Ltd.

xtone

約20年にわたり、さまざまなWebサービスやアプリのUI/UXデザイン・開発に携わっているクリエイティブスタジオです。新規事業の立ち上げやプロダクト開発、既存事業の改善などを、蓄積された知識や経験をもとに最適な手法で実行しています。
グッドデザイン賞、iF Design Awardほか多数受賞。

装丁・組版・作図　　宮嶋章文・鈴木愛未（朝日新聞メディアプロダクション）
イラスト　　　　　　加納徳博
編集　　　　　　　　関根康浩

プロセス・オブ・UI/UX ［UIデザイン編］
実践形式で学ぶワイヤーフレームから
ビジュアルデザイン・開発連携まで

2024年5月22日　初版第1刷発行

著　者　　　　桂 信／株式会社エクストーン
発行人　　　　佐々木 幹夫
発行所　　　　株式会社 翔泳社（https://www.shoeisha.co.jp）
印　刷　　　　公和印刷 株式会社
製　本　　　　株式会社 国宝社

©2024 Makoto Katsura / Xtone Ltd.

ISBN978-4-7981-8590-3
Printed in Japan